知識ゼロからの

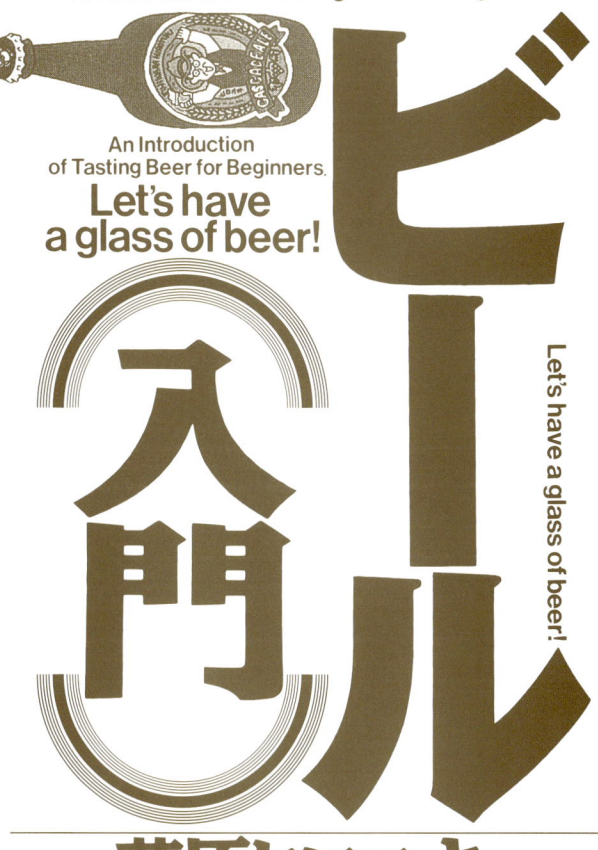

An Introduction of Tasting Beer for Beginners.

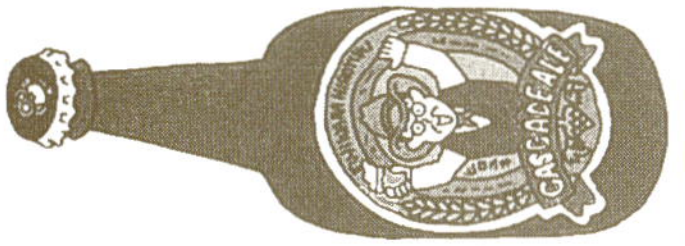

An Introduction
of Tasting Beer for Beginners.

Let's have
a glass of beer!

ビール入門

Let's have a glass of beer!

藤原ヒロユキ

幻冬舎

はじめに

知らなかった！　今まで、損してた！

日本人が最もよく飲むお酒はビールだろう。

お酒を飲む人でビールを飲んだことがないという人はいないと思う。また、「この1年間にビールを飲んだことがある」ってアンケートをとったらほとんどの人が「はい」と答えるんじゃないだろうか？　特別にビール好きってわけじゃなくても、ビールは必ず飲んでるはずだ。非常にポピュラーなお酒である。

しかし、それは言い換えれば「ビールってなんとなく飲んじゃってるよね」って意味でもある。銘柄にもこだわらないし、種類も選ばない。なじみ深いが、意識は薄い。「とりあえず、ビールね」って感覚だ。

ホントにそれでいいのだろうか？

長い間、日本人は「黄金《こがね》色に輝くピルスナースタイル＝《イコール》ビール」と刷り込まれてきた。

確かにピルスナーは素晴らしいビールである。私も大好きだ。しかし、ビールのすべてではない。世界にはピルスナー同様に旨《うま》いビールが数多く存在する。驚くほど酸っぱいビール、バナナのような香りがするビール、アルコール度数がワイン並みのビール、くすんで白濁したビール……。

１９９４年の地ビール解禁をきっかけに、私はビールには多彩な世界があることを知った。「ウソォー、こんなの知らなかったぁー」という味のビールがいっぱいあった。

その時、私はなんだか「今まで損をしていた」ような気分になった。

それ以来、私はさまざまなビールを飲んでみた。世界のビール、日本の地ビール。すると、「ビールはとてつもなく壮大なフィールドを持ったお酒である」ということがわかってきた。

苦味から甘味、そして酸味といった味の幅、香ばしさやフルーティーな香りの層、２％ぐらいから17％に至るまでのアルコール度数、淡い麦わら色から真っ黒まで続く色のグラデーション。そして、それは麦芽の焙煎方法、ホップの煮詰め方、水の硬度、酵母の選び方などを巧みにコントロールし、変幻自在にデザインしていけるお酒であることもわかった。

こんなに多彩なお酒が他にあるだろうか？

こんなに創造的なお酒が他にあるだろうか？

ビールは知れば知るほど面白いお酒だ。ビールの奥深さを知ると人生は10倍20倍、いやそれ以上に楽しくなる。バリエーションが豊富だからどんな料理にも必ず合う種類をみつけられるしね。

こんな素敵なお酒を「とりあえず」で飲むなんて……。幸せをみすみす見過ごしてるようなもんだ。

藤原ヒロユキ

知識ゼロからのビール入門　目次

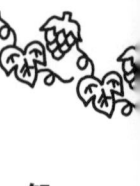

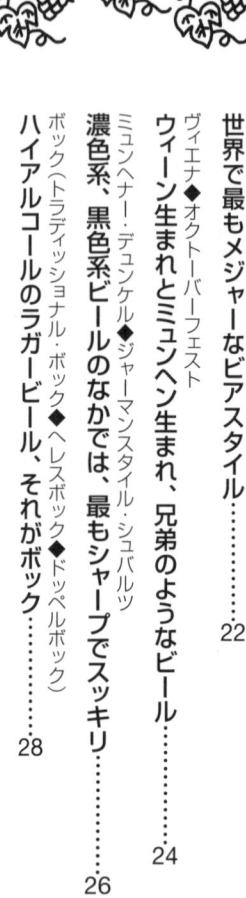

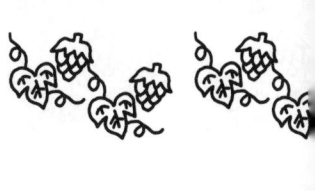

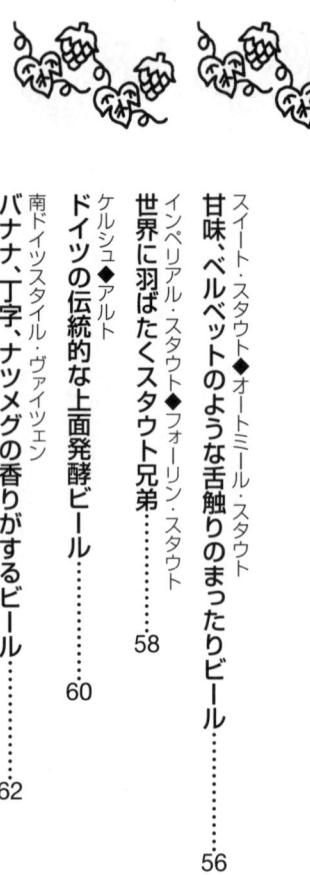

第4章　もっとビールを味わいたい。もっとビールを楽しみたい

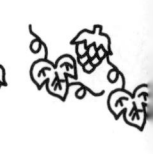

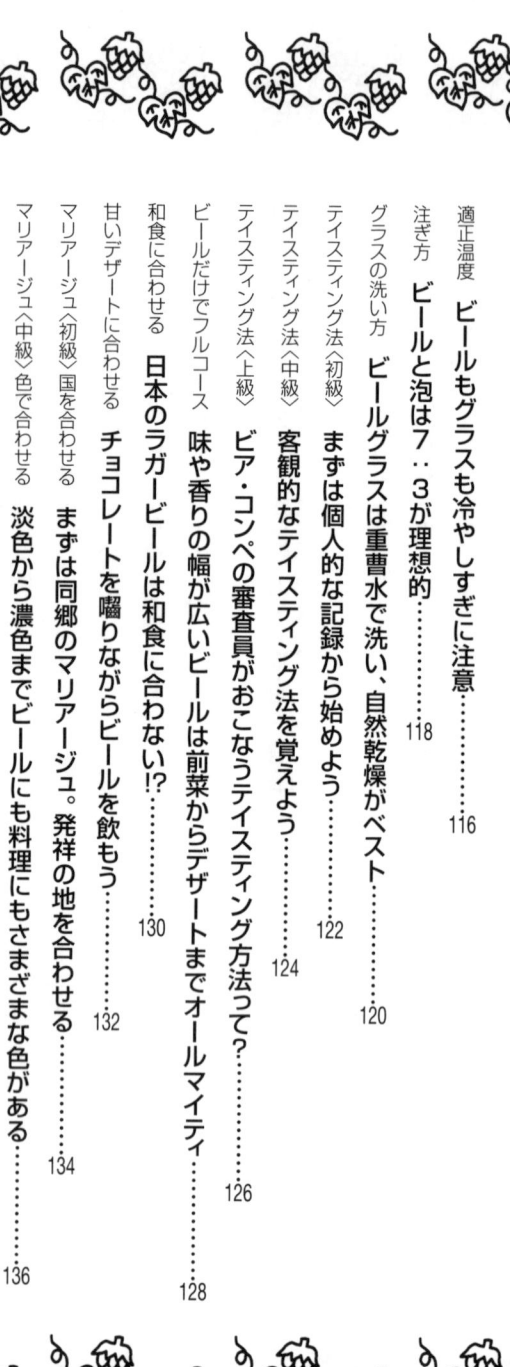

第6章　日本のビール事情・ビール面白情報

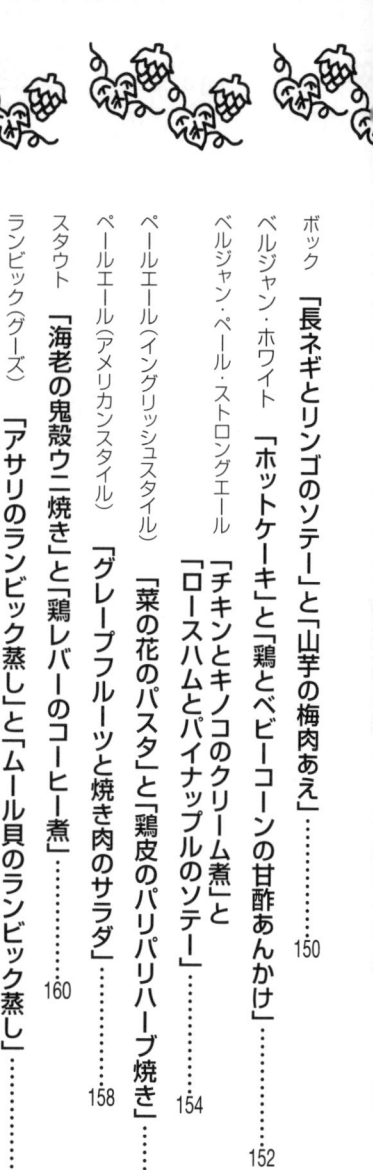

第1章

ビールを味わう喜び発見

ビールっていったい何？
どれぐらいの種類があるの？
なんで種類を知らなきゃいけないの？
ビールのこと、知ってるようで意外と知らないよね……。

「とりあえずビール」から卒業しませんか？

夏の暑い日の夕方に麦茶などを飲んでると、「あー、もったいないことしますねぇ、僕なんか夜のビールのために昼から一滴も水分摂ってないですよぉ」なんて言う人がいる。

日本の酒場で最も人気のあるビールは「トリアエズ・ビール」だ。ある外国人観光客は本気でそー思ったらしい。

どーも、ビールというお酒は「喉《のど》の渇きを癒すもの」だったり「本格的に飲む前の場《ば》繋《つな》ぎ」と思われているみたいだ。喉が渇いていれば水を飲めばいいんじゃない？　食前酒にはシャンパンやジントニックもいいし。

私は寒い冬など、まずは日本酒のぬる燗《かん》あたりで暖を取って、料理の中盤でビールを飲む。そのほうが日本酒もビールも美味《おい》しく味わえる。

残念ながら、日本にはビールを味わうという習慣があまりないようだ。ましてや香りを楽しんだり、料理と合わせたりするという発想がほとんどない。「ビールに合う料理」なんてレシピ本にはやたらと辛いものやベタベタ脂っこいものが並んでいる。本当にそれでいいのだろうか？

もうそろそろ〝とりあえずビール〟ってのから卒業しませんか？

外国の酒場で「Beer」とオーダーしたらキョトンとされました。なぜ？

それって、レストランに行って「食べ物を下さい」って言ってるようなもんだよ。ちゃんと「カレーライス」とか「きつねうどん」を下さいと言わないと、店の人もどーしていいかわからないでしょ。日本では「ビール」と言えば、自動的にその店に置いてある銘柄が出てくるけど、ビールの種類の豊富な国ではどんなビールが飲みたいのか？　ってことをちゃんと伝えないとダメなわけ。銘柄もしくは「スタウト」とか「ペールエール」を下さいって言わなくちゃ。

煮込み
おでん
焼鳥
とりあえず
ビールね
TORIAEZU
BEER
日本一有名な
ビール？
トリアエズ
ビール
シェア
No.1？
ヒロユキ

ビールとは「麦からできる醸造酒」だ

ビールってどんなお酒？

この質問に、多くの日本人は「色は透明感のあるゴールド。泡は純白。ほどよい苦味で、シュワッと炭酸がきいていて、キリッと冷えている。アルコール度数は４～５％で喉ごし爽《さわ》やかなお酒」と答えるだろう。

しかし、これは〝ビールのほんの一部〟に過ぎない。

世界にはさまざまな種類のビールが存在するのだ。濁ったビール、真っ黒なビール、泡にも色のあるビール、強烈に苦いビール、果実のように甘いビール、レモン果汁のように酸っぱいビール、炭酸をほとんど感じないビール、常温で飲むビール、アルコール度数10％以上のビール、まったりした喉ごしのビールなどさまざまな種類がある。

「そんなにあるのぉ？　なんだか、ややこしくて難しいなぁ」なんて思うかもしれないが、悩むことはない。いたってシンプルなのである。簡単に言っちゃうと「ビールとは、麦からできる醸造酒」と考えればいい。これが基本である。ホップ、水、イーストも加わり一般的なビールができるのだ。

ドイツには「ビール純粋令」という法律があるって聞いたんですが

ドイツで1516年に制定された法律だ。「ビールは大麦と水とホップだけで造られなければならない」（その後、イーストも追加される）と決められた。でも元々この法律、パン焼き用小麦を確保する目的で作られた法律なんだ。

でも、このもくろみは失敗に終わり、その後も南ドイツスタイルのヴァイツェンビールは小麦がたっぷりと使われ続けた。やっぱり、パンも大切だけど、旨いビールには目がなかったんだね。

しかし、結果的にこの純粋令が、ドイツビールの品質を高めることになったわけだから失敗ではなく成功かぁ。

（ビールはこんな酒）

麦
麦芽（モルト）化
された大麦が基本
大麦、小麦、オート麦、
ライ麦などが使われる。
麦芽化されていない麦を
使用するビールもある。
ホップ
苦味と香りを与える
多年生のツル植物。
雌株《めかぶ》の毬花《まりはな》が使われる。
防腐、食欲増進といった
効果もある。
ビール
麦、ホップ、水、
イーストから造られる
醸造酒
水
ビール造りに水は
欠かせない
原材料の中で最も多く
使われているのが水だ。
クリーンな水が使われる。
イースト（酵母）
糖をアルコールと
炭酸ガスにする
上面発酵酵母と下面発酵酵
母が基本。野生酵母などを
使うビールもある。

世界には85スタイル（種類）のビールがある

世界には何種類ぐらいのビールがあるのか？

アメリカ最大のビール・フェスティバル、グレート・アメリカン・ビア・フェスティバルにおけるビア・コンペティションでは世界のビールを65のカテゴリーに分類し、審査している。なんとぉ、65種類ですよ！

さらに、日本地ビール協会の『ビアスタイル・ガイドライン』では、酒イーストビールや節税型発泡酒など日本生まれのカテゴリーも含まれていて、85のスタイル（種類）に分類されている。こりゃー、すごい！

しかし、現在日本で一般的に飲まれているビールはそのうちの1種類に過ぎないのだ。ほとんどのビールが〝ピルスナー〟なのである。ピルスナーとはチェコのピルゼンで生まれたビールスタイル（種類）であり、黄金色の爽やかな下面発酵ビールである。日本人の多くはピルスナー＝ビールと狂信するあまり、甘味の強いビールや酸味の強いビールを「こんなのビールじゃない」と排他する傾向にある。これはプロセスチーズ＝チーズと思いこみ、ブルーチーズやカマンベールチーズを「チーズじゃない」と言っているようなものだ。それって、損してるよね。

85ものスタイルを覚えるのって大変そうですね……

いきなり全部を覚える必要はないよ。なかには珍しすぎてお目にかかったことないよって感じのものもあるし。また、スタウトだけでもドライ、スイート、オートミール、フォーリンなどの種類があるので初めは大雑把《おおざっぱ》に「スタウト」と覚えるぐらいでいいんだよ。

世界には
いろいろな種類の
ビールが
あるんだなー

なぜビールスタイルを知る必要があるのか?

ビールスタイルとかビールの種類とか小難しいことはめんどくさいよ。別にコンペティションの審査員じゃないんだから、そんなの知らなくたってイイじゃん。なんて思うかもしれない。確かに、飲んで美味しければ、スタイルがどーだとか言う必要はないのかもしれない。

しかし、スタイルを把握していれば、もっと効率よく飲みたいビールを探したり選んだりすることができるのだ。

日本の大手メーカーのビールはほとんどがピルスナースタイルなのでわざわざ銘柄に〝ピルスナー〟という言葉を使ったりラベル表示する必要はない。しかし、多彩なビールのある国では、それがどんなビールなのか知らせるために銘柄やラベルにスタイルが表現されている。たとえば「ピルスナー・ウルケル」はその商品名を聞いただけで「黄金色で透明感があり、ホップの魅力が心地良い爽快なビール」ということがわかる。また「Bass」のラベルにはPALE《ペール》 ALE《エール》という文字が書かれているので「ホップの香りと苦みがしっかりしたフルーティな銅色のビール」と知ることができる。ね、スタイルを知っていれば便利でしょ。

日本のメーカーでもピルスナー以外のビールを造っているんですか?

日本の大手メーカーでもピルスナー以外のビールを造っています。たとえばキリン・スタウトやアサヒ・スタウト。これらはフォーリンスタイル・スタウト(58ページ参照)として非常に優秀なビールだな。キリン・まろやか酵母は南ドイツスタイル、ヘーフェ・ヴァイツェン(62ページ参照)である。さらに、地ビールメーカーはピルスナー以外のビールを造っていることが多いよ。

ビールスタイルを知っていれば
ラベルを見ただけで中身がわかる

スタイルを知る前に用語や共通言語の確認をしよう

すでに何度か出てきている言葉もあるが、もう一度「スタイルに関わるビール用語や共通言語」を確認しよう。

最も基本となる用語

アロマ	鼻から感じる香り
フレーバー	ビールを口に含んだ時に感じる香り。舌と口全体で感じる味と刺激。鼻に抜ける香り
外観	色、透明度、泡の状態、泡もち
ボディ	喉を通り抜ける感覚。軽いとライト、重いとフル。ちなみに私が今までに飲んだ最もフルボディの飲み物は胃のレントゲン検査で飲んだバリウムだ。

◇アロマ、フレーバーに関する言葉

エステル	バナナのようなフルーティーな香り
フェノーリック	クローブのようなスパイシーな香り
ダイアセチル	バタースコッチキャンディのような甘い風味
DMS	クリームコーン、煮た野菜のような香り
イースト臭	酵母の臭《にお》い。麹《こうじ》や酒蔵の臭い
カラメル	砂糖を焦がしたり煮詰めたような甘い風味
トースト香	焼けたパンの香り
スモーク香	燻《いぶ》された香り、煙の香り

◇外観に関する言葉

ヘッドリテンション	泡もちのよさ
低温白濁（チルヘイズ）	低温時に見られるビールのくすみ

◇ボディに関する言葉

カーボネーション	発泡性、炭酸ガスのレベル、泡立ち

第2章

主なビールスタイルを知ろう!

ビールにはさまざまな種類（スタイル）があり、その分類は80以上とも言われている。その多さに驚くよね。でも、心配することはない。まずは「これぐらい知っていれば、ビア・パブで恥をかかなくてすむぞ」っていうスタイルを紹介しておこう。

世界で最もメジャーなビアスタイル

いま、世界で最も多く飲まれているビールはピルスナーだろう。

ピルスナーの原型はボヘミアン・ピルスナーで、１８４２年にチェコのピルゼンにできた醸造所で生まれた。低温で乾燥させた色の薄いモルトとピルゼンの軟水とボヘミア産のノーブルなホップがピルスナースタイルを造りあげた。

もっとも、このビールはドイツからその製法を学んだスタイルである。一説には、ドイツから酵母が盗まれたという話もある。

透明感のある、キラキラと輝く黄金色。そして純白で豊かな泡。上品なホップの香りと苦味。シャープで雑味のないクリアーな味わい。そんなピルスナーはまたたく間に世界中に広がっていった。メソポタミアに始まったと言われているビール史上ではまったくの新人がいきなり世界のトップスターに駆け上がっていったのだ。

そして、その製法をドイツが逆輸入することによってできたのがジャーマン・ピルスナー。もし「盗まれて」ってのが事実なら、ドイツ人はちょっと複雑な気分なんじゃない？　日本人の僕には関係ないけどね。

低温発酵のピルスナーはなぜそんなに人気が出たんですか？

高い温度で発酵するということは雑菌が繁殖する可能性も高いということだ。だから、ビールを腐りにくくするためにアルコール度数を高めたり、防腐効果のあるホップを大量に使っていたんだ。だからアルコールに弱い人や苦いのが嫌いな人には不評だった。それが低温でも発酵させることができるということになるとライトな味わいのものができるようになる。だから多くの人に楽しんでもらえるようになったんだ。

ボヘミアン・ピルスナー チェコ発祥：下面発酵

外観	色は金色〜深い金色（明るい琥珀《こはく》色に近いものまである）。しっかりとした透明感。純白できめ細かな泡が豊かである。
アロマ	上品なヨーロッパ産ホップのアロマがある。
フレーバー	上品なヨーロッパ産ホップのフレーバーがある。ホップの苦みは中〜やや高め。しかし、モルトのほのかな甘味があるため穏やかに感じる。
ボディ	ミディアム（ジャーマンよりやや重い）
アルコール度数	4〜5%
その他の特徴	微量のダイアセチルを感じるものもある。

[代表的な銘柄・お薦めの1本]

ボヘミアン・ピルスナー

ピルスナー・ウルケル

ボヘミアン・ピルスナーの王道。1842年、ピルゼンで生まれたこのビールがピルスナーの原型となった。まさに元祖・本家である。スパイシーなホップ・アロマと穏やかなモルト香が心地良い。

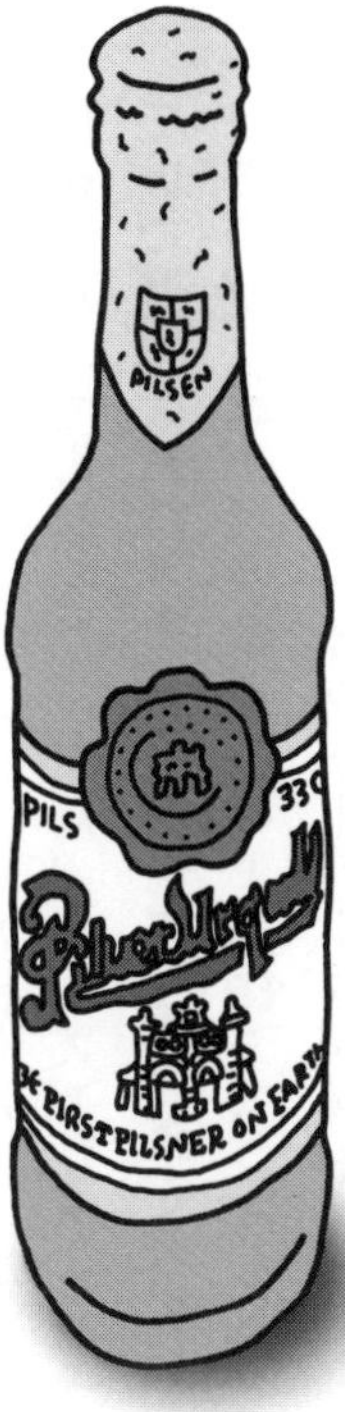

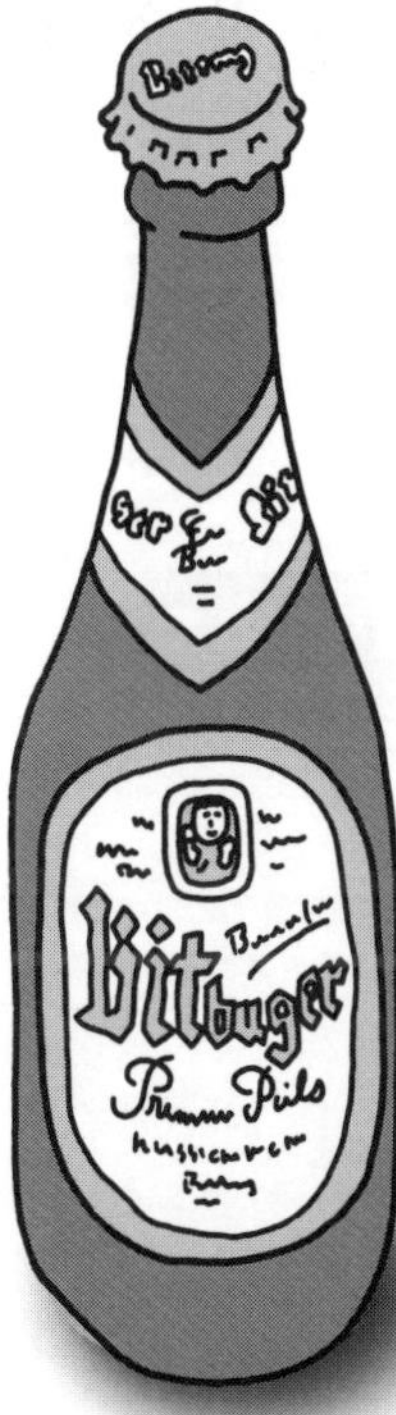

ジャーマン・ピルスナー ドイツ発祥：下面発酵

外観	明るい麦わら色〜金色。しっかりとした透明感。純白できめ細かな泡が豊かである。
アロマ	上品なヨーロッパ産ホップのアロマをはっきり感じるレベル。いくぶんモルト・アロマを感じるものもある。
フレーバー	上品なヨーロッパ産ホップのフレーバーが穏やかなものからはっきり感じられるものまである。いくぶんのモルト・フレーバーを感じるものもある。ホップの苦みは強い。
ボディ	ミディアム（ボヘミアンよりやや軽い）
アルコール度数	4〜5%

[代表的な銘柄・お薦めの1本]

ジャーマン・ピルスナー

ビットブルガー・プレミアムピルス

本場ドイツで最も知られている銘柄の一つだ。モルトのソフトな味わいと切れ上がりのいいホップ感が爽やかなビール。日本の大手ビールメーカーはもとより世界各国で手本とされている味だ。

ウィーン生まれとミュンヘン生まれ、兄弟のようなビール

ヴィエナは1840〜41年にウィーンの醸造者アントン・ドレハーによって造り出されたスタイルである。ウィンナーモルトと呼ばれる赤みがかったモルトが使われているため、赤茶色から銅色のビールに仕上がっている。ウィンナースタイル・ラガーとも呼ばれる。オーストリア帝国の滅亡とともに一時は衰退していったスタイルだが、世界的ビール評論家マイケル・ジャクソンの再評価やアメリカの小規模醸造所が火付け役となって復興した。また、オーストリア・ハプスブルグ家が統治していた歴史を持つメキシコでは長く受け継がれている。

このヴィエナスタイルをベースにミュンヘンのゼードルマイル家が生み出したスタイルがオクトーバーフェストスタイルである。メルツェンとも呼ばれている。本来は「メルツェン（3月）に仕込んだビールを熟成させてオクトーバー（10月）に飲み干す」といった意味合いがあった。長期熟成によって、雑味が消えてまろやかな味わいになったんだね。トースト香のするモルト風味がホップのクリーンでスッキリした苦みにややまさっているところが特徴だ。

どうして、オーストリアから遠く離れたメキシコでヴィエナが人気なんですか？

単に歴史的なことだけでなく、メキシコ料理との相性が抜群だったんだ。モルト風味がトマトベースによく合い、ホップのかぐわしさがスパイシーな料理の魅力も引き立ててくれる。まるで、メキシコ料理のために造られたみたいだね。

ヴィエナ　オーストリア発祥：下面発酵

外観	色は赤みがかった茶色〜銅色
アロマ	ヨーロッパ産の上品なホップ・アロマが微《かす》かなものから中程度感じられるものまである。豊かなモルト・アロマ。強いトースト・アロマがある場合も。
フレーバー	ホップの苦みはクリーンでスッキリしている。強いトースト・フレーバーがある場合も。
ボディ	ミディアム
アルコール度数	4.8〜5.4%

[代表的な銘柄・お薦めの1本]

ヴィエナ

ネグラ・モデロ

メキシコで最も味わい深いビールの一つ。ヴィエナとしてはやや色が濃いがオーストリアの伝統を踏襲した素晴らしい味わいだ。フレーバーにはコーヒーやチョコレートにも似た豊かさがある。

オクトーバーフェスト（メルツェン）　ドイツ発祥：下面発酵

外観	色は金色〜赤みがかった茶色
アロマ	ホップ・アロマはわずかに感じとれるレベル。トースト・アロマが支配的。カラメル・アロマはあったとしてもわずか。ビスケットのようなアロマを感じるものもある。
フレーバー	ホップ・フレーバーはわずかに感じとれるレベル。甘いモルトの風味がホップの苦みにややまさっている。ホップの苦みはクリーンでスッキリしている。トースト・フレーバーが支配的。
ボディ	ミディアム
アルコール度数	5.3〜5.9%

[代表的な銘柄・お薦めの1本]

オクトーバーフェスト

こぶし花ビール・メルツェン

埼玉県の羽生ブルワリーが造っている。モルトのキャラクターが素晴らしい贅沢《ぜいたく》なビールだ。インターナショナル・ビア・コンペティション2002で金賞を受賞している。季節限定商品なので、http://www.hana-beer.com/menu.htmを要チェックだ。

ミュンヘナー・デュンケル ◆ ジャーマンスタイル・シュバルツ

濃色系、黒色系ビールのなかでは、最もシャープでスッキリ

デュンケルとはドイツ語で「濃い・暗い」という意味だ。このビールは文字通り「ミュンヘンの濃色ビール」である。

それに対してシュバルツはドイツ語で「黒い」という意味。正真正銘、これが本当の「黒ビール」だ。ミュンヘンよりやや北のクルムバッハという町で古くから造られているビールである。

ともに下面発酵なので、シャープでスッキリした味わいだ。フルーティーなエステル香はないし、ロースト感も強すぎない。日本では「黒いビール＝濃厚でドッシリとした重たいビール。アルコールもキツイ」というイメージだが、そうとは限らないといういい例である。アルコール度数もピルスナーとほとんど変わらない。アウトドアでのバーベキューや軽めにローストされたチキンやポークにはピッタリのスタイルである。

最近は日本でもこのスタイルがジワジワと人気をあげているようだ。大手のビールメーカーが醸造している濃色系ビールは（スタウトを除き）ほとんどがこのどちらかのスタイルと考えてよい。副原料が入っているのでドイツのビール純粋令からは逸脱しているが……。

デュンケルやシュバルツが日本で人気なのはなぜ？

モルトの香ばしさと下面発酵のスッキリ感のバランスがいいからでしょう。淡色ビールでは香ばしさが物足りないが、上面発酵の香り深さは重苦しいって感じる人が多いんじゃないかなぁ、長年ピルスナーを飲み続けてきた日本人には。

ミュンヘナー・デュンケル ドイツ発祥：下面発酵

外観	色は明るい茶色～濃い茶色
アロマ	ホップ・アロマは上品で控えめ。トーストのような焼け香ばしさ、ビスケットのようなアロマを持つ。
フレーバー	ホップ・フレーバーは上品で控えめ。スッキリとしてクリーンな印象。苦みは控えめ。チョコレート・フレーバーを感じるものも。
ボディ	ミディアム
アルコール度数	4.5～5%

[代表的な銘柄・お薦めの1本]

デュンケル

甲斐ドラフトビール・デュンケル

本場ドイツの技術を踏襲し麦芽100%で造られたビール。未《み》濾《ろ》過《か》のために酵母のくすみはあるが、そこもこだわりがあってこそ。冬季限定商品なので、http://www.yamatowine.com/ で要確認のこと。

シュバルツ ドイツ発祥：下面発酵

外観	色は濃い茶色～黒
アロマ	ホップ・アロマはわずかに感じられる程度。モルトの甘味はわずかにある。
フレーバー	ホップ・フレーバーは低レベルだが感じる程度はある。ロースト・モルトの風味がある。モルトの甘味が低いレベルだがある。麦芽の焦げた苦みはない。ホップの苦みは低～中レベル。
ボディ	ミディアム
アルコール度数	3.8～5%
その他の特徴	非常に低いレベルのダイアセチルが感じられるものもある。

[代表的な銘柄・お薦めの1本]

シュバルツ

いきいき地ビール・黒部氷筍ビール

黒部の地下水から生まれた本物の黒ビール。黒部ダムと長野県大町市を結ぶトンネルから湧《わ》き出す地下水を使用している。ジャパン・ビア・カップ2004で金賞受賞。季節限定醸造だがそれ以外の時期は同じくシュバルツのクリア・パスがある。

http://www.iki-iki.co.jp/

ハイアルコールのラガービール、それがボック

ボックはハイアルコールのラガービールである。14〜15世紀に北ドイツのアインベックという町で生まれた。

ボックはアインベックがアインボックと発音され、さらに縮まってボックと呼ばれるようになったようだ。しかし、ボックには雄ヤギという意味もあるため「ヤギのキックのように強い酒」が語源という説もある。そのためボックのラベルにはヤギが描かれていることが多い。

ボックには基本となる古典的なトラディッショナル・ボックの他に色の薄いヘレスボック（マイボックとも呼ばれる）、ハイアルコール（アルコール度数6.5〜8％）でロースト麦芽の甘味が支配的なドッペルボック、さらにそのストロングバージョン（8.6〜14.4％）のアイスボックといった種類がある。アイスボックはドッペルボックを凍らせてアルコール度数を高めたビールである。

17世紀にバヴァリア王が醸造者をアインベックからミュンヘンに引き抜き、それ以後は南ドイツを代表するビールになった。

ドッペルボックの銘柄には秘密があるって聞いたんですが

秘密ってほどじゃないんだが、銘柄の最後がatorで終わるんだ。Celebratorとか Salvatorとかね。しきたりみたいなもんだね。また、ドッペルは英語ではダブルだからダブルボックと呼ぶ人もいるよ。

トラディッショナル・ボック　ドイツ発祥：下面発酵

外観	濃い銅色〜深い茶色
アロマ	ホップ・アロマは非常に弱い。重厚なモルト・アロマが強い。
フレーバー	ホップ・フレーバーは弱い。ホップの苦みは控えめ。重厚なモルト・フレーバーが強い。
ボディ	ミディアム〜フル
アルコール度数	6〜7.5%
その他の特徴	フルーティーなエステル香が微かに感じられるものもある。

[代表的な銘柄・お薦めの1本]
トラディッショナル・ボック
会津ビール・ボック
豊かな麦芽の魅力満載。麦芽のリッチな味わいが魅力的だ。インターナショナル・ビア・コンペティション2002のトラディッショナル・ボック部門、ジャパン・ビア・カップ2002のジャーマンダークビール部門でともに金賞を受賞したビールである。
http://www.uyou.gr.jp/aizu-bakushu/index.html

ヘレスボック（マイボック）　ドイツ発祥：下面発酵

外観	薄い麦わら色〜濃い金色
アロマ	上品なホップ・アロマが低〜中程度。強いモルト・アロマ。
フレーバー	上品なホップ・フレーバーが低〜中程度。強いモルト・フレーバーがある。ホップの苦みは控えめ（高い初期比重を設定する場合は苦みレベルを上げる）。
ボディ	フル
アルコール度数	6〜8%
その他の特徴	フルーティーなエステル香やダイアセチルが極めて微かに感じられるものもある。

[代表的な銘柄・お薦めの1本]
ヘレスボック
スパーテン・プレミアムボック
気品ある伝統的銘柄。トラディッショナル・ボックとしても評価されるが、濃い黄金色はヘレスボックの範疇《はんちゆう》と思われる。麦芽の豊かさが実に素晴らしい。渋谷のジャーマンファームグリル（http://www.zato.co.jp/gfarmgrill.html）では生が飲める。この店は料理も抜群だよ。

ドッペルボック　ドイツ発祥：下面発酵

外観	濃い琥珀色〜濃い茶色
アロマ	ホップ・アロマはまったく感じられない。
フレーバー	ホップ・フレーバーは微かに感じる程度。ホップの苦みは弱い。モルトの甘味が支配的。
ボディ	フル
アルコール度数	6.5〜8%
その他の特徴	フルーティーなエステル香が控えめにある。飲み飽きるようなくどい甘味は不可。

[代表的な銘柄・お薦めの1本]
ドッペルボック
アインガー・セレブラトア
はっきりとした麦芽の甘味が印象的なフルボディビールだ。ラベルに描かれたヤギのイラスト、ボトルの首に掛かったヤギの人形もカワイイ。

アメリカン・ライトラガー
アメリカン・プレミアムラガー

アメリカのビールのすべてがライトというわけではない

「アメリカのビールはライトで軽い飲み口だ」と言われている。「水っぽい」なんて悪口を言われることもある。本当にそーなのか？

アメリカのビールのすべてがライトなわけではない。アメリカン・ライトラガーが軽い飲み口というだけである。水っぽいというのもちょっとひどい言い方って気がする。ライトボディでモルトのキャラクターが弱いという特徴は、個性の一つである。そしてそれが多くの人々に楽しまれているとするならば、素晴らしいことじゃないか。

現在、アメリカではマイクロブルー、クラフトビールという「日本で言うところの地ビール」が定着している。これらのビールは水っぽいどころか非常に味わいの深いものが多いのだ。そんなクラフトビールメーカーの醸造するラガーがアメリカン・プレミアムラガーである。一番の特徴はホップのキャラクターがライトラガーに比べ印象的だってこと。ニューヨークのブルックリンラガーはヴィエナスタイルとしても評価されているが、はっきりとしたホップのアロマとフレーバーが魅力的に香る素晴らしいプレミアムラガーである。

アメリカにも地ビールがあるんですか？

日本よりもたくさんあるよ。アメリカは建国当初ヨーロッパからの移民が多かったんでビール造りは盛んだった。しかし、禁酒法や大手メーカーの台頭で小さな醸造所はどんどん減っていった。それが再び増え始めたのは1960年代後半から70年代、そして80年代には数多くのマイクロブルーが全米に広がった。http://www.beertown.org/craftbrewing/brew_locator.aspで、アメリカの地ビールメーカーが探せるよ。

アメリカン・ライトラガー　アメリカ発祥：下面発酵

外観	非常に薄い麦わら色
アロマ	ホップ、モルトともにアロマは控えめ。
フレーバー	ホップ・フレーバーは弱い。ホップの苦みは非常に弱い。モルト・フレーバーは弱い。
ボディ	ライト。カーボネーションは高い。
アルコール度数	3.5〜4.4%
その他の特徴	フルーティーなエステル香を感じるものもある。アメリカの法律ではレギュラービールの25%以下のローカロリーであることが定められている。缶やラベルに分析データーを表示する必要がある。

[代表的な銘柄・お薦めの1本]

アメリカン・ライトラガー

ミラー・ライト

ミラーは、19世紀にミルウォーキーで設立された歴史あるブルワリー。Lightを〝Lite〞と表記したミラー・ライトはアメリカを代表するビールである。爽やかな喉ごしはスポーツ観戦のお供に最適だ。

アメリカン・プレミアムラガー

アメリカ発祥：下面発酵

外観	明るい麦わら色〜金色
アロマ	ホップ・アロマはしっかりしたものから非常に弱いものまである。
フレーバー	ホップ・フレーバーはしっかりしたものから非常に弱いものまである。モルト・フレーバーは弱い。ホップの苦みはアメリカン・ライトラガーよりやや高め。
ボディ	ミディアム
アルコール度数	4.3〜5%
その他の特徴	フルーティーなエステル香を感じるものもある。

[代表的な銘柄・お薦めの1本]

アメリカン・プレミアムラガー

ボストン・ラガー

ザ・ボストン・ビア・カンパニーの主力商品。ドライホッピングの華やかな香りとモルトの味わいが絶妙のバランスである。ザ・ボストン・ビア・カンパニーは生産を他社に依頼する「契約醸造」の成功例として注目されている。

小麦を使った白濁したビール スパイスの香りもショッキング

ベルジャンスタイルのホワイトエールは、日本でも非常に人気が高いベルギービールだ。ビール好きならば一度や二度は飲んだことがあるだろう。パブやレストラン、カフェなどでもよく見かけるヒューガルデン・ホワイトがその代表的銘柄である。

特徴は、まずその白濁した外観であろう。薄いイエローを帯びた乳白色の霞《かす》んだビールは、黄金色で透明感のあるビールを飲み慣れた日本人にはややショッキングだろう。この霞《かすみ》は小麦のタンパク質と酵母のためである。そー、このビールは麦芽化されていない小麦が大麦麦芽とともに使われているのだ。しっかりとして長もちする純白の泡も小麦が使われているからこそである。

さらに、ホワイトエールはそのアロマとフレーバーにも驚かされる。オレンジピール（オレンジの皮）の甘酸っぱいキャラクターと、コリアンダーのスパイシーさが複雑な風味を織りなしている。ヒューガルデン・ホワイトには、どうやら他にいくつかのスパイスが入ってるようだが、レシピは公開されていない。そこらへんの神秘性もこのビールの人

ホワイトビールはベルギーの伝統的ビール？

とても歴史あるビールだ。でもこのビールも一時は絶滅の危機にさらされていたんだ。醸造の中心地であるヒューガルデン村には当初、35の醸造所があった。それが1950年代半ばには1つしか残っていなかったのだ。その危機を救ったのがピエール・セリスという人物だ。彼が醸造所を立て直し、伝統的手法のホワイトエールを復活させたのだ。

気を高めている要素なのかもしれない。ミステリアスな美女のように惹《ひ》きつけられてしまうのだ。

ベルジャンスタイル・ホワイトエールは、ベルギービールのなかでは珍しく若干冷やして飲まれるスタイルである。適温は9℃ぐらいだ（日本人好みのライトラガーは適温が7℃なのでそれでもまだ若干高めだな）。そのため、グラスは手の温《ぬく》もりが伝わりにくい分厚いガラスでできている。この点においてはやや男性的というか無骨なイメージである。味わいの繊細さと好対照なのが面白い。

ベルジャンスタイル・ホワイトエール

ベルギー発祥：上面発酵

外観	淡い金色。白濁しているものが多い。
アロマ	オレンジピールやコリアンダーなどスパイシーなアロマがある。ホップ・アロマは弱い。モルト・アロマは弱い。
フレーバー	ホップ・フレーバーは低〜中程度。ホップの苦みは低〜中程度。モルト・アロマは弱い。ほのかな酸味がある。
ボディ	ライト〜ミディアム
アルコール度数	4.8〜5.2%
その他の特徴	麦芽化しない小麦と大麦麦芽が使われている。フルーティーなエステル香は低〜中程度。

[代表的な銘柄・お薦めの1本]

ベルジャンスタイル・ホワイトエール

常陸野ネストビール・ホワイトエール

世界屈指のホワイトエール。国内コンペはもとよりワールド・ビア・カップ2000、2004、ブルーイング・インダストリー・インターナショナル・アワーズ2002の金賞など受賞多数。世界での評価も高い。海外に年間20万本を輸出する凄《すご》いビールだ。

http://kodawari.cc/

クセになる? 自然発酵の個性派ビール

ランビックは非常に特殊なビールである。

まず、野生酵母による自然発酵ビールだ。これはビールの原型に著しく近いと言える。フルーティーなエステル香が強く、非常に酸っぱい。

また、原材料に麦芽化されていない小麦が使われているため、白濁しているものが多い。

そして、意図的に古いホップを使っている。これは腐敗防止のためにホップを大量に入れるのだが、苦くなりすぎないようにあえて〝古くて苦味成分が揮発《きはつ》したホップ〟を使うのである。その結果、古いホップ特有のチーズのような香りがビールにつくことになる。カビや埃《ほこり》のような臭いがするものすらある。

これらの特徴は、日本人のビール観からかけ離れたものだろう。「ビールが酸っぱくて濁っててチーズ臭い」のだから。しかし、一度このビールの魅力に取りつかれたら、もー最後。二度と離れられない。チーズとカビと埃の香りを嗅《か》ぎ、濁りを眺め、酸っぱさに口をすぼめ「んーん、旨い」なんて溜息《ためいき》をつくのである。実に立派なビア・クレイジーだね。

ランビックはベルギーのブリュッセルでしか造れないんですか?

ランビックという呼称はブリュッセルで造られたものにしか認められていないんだ。だから、それ以外の地域で造られた自然発酵ビールはランビックのような特徴を持っていてもランビックとは認められず「ランビックスタイル」と表示しなければならないんだ。

グーズランビック ベルギー発祥：自然発酵

外観	淡い黄金色〜金色。濁りのあるものが多い。
アロマ	古いホップのアロマ。はっきりとした酸味のあるアロマ。フルーティーなエステル・アロマ。
フレーバー	ドライ（辛口）な口当たり。古いホップのフレーバー。ホップの苦みは極めて微弱。モルトの甘味はまったく感じられない。はっきりとした酸味とフルーティーなエステル・フレーバーがある。
ボディ	ライト
アルコール度数	5〜6%
その他の特徴	熟成したランビックと残留糖分が多少ある若いランビックをブレンドし、二次発酵させたもの。低温、常温での白濁は問題ない。

［代表的な銘柄・お薦めの1本］
グーズランビック
グーズ・ブーン
グーズは熟成ランビックと若いランビックをブレンドして二次発酵させたもの。ブーンのグーズは埃や土の香りにも似たワイルドなアロマとドライシェリーのような繊細なアロマが同居している。奥深いビールである。

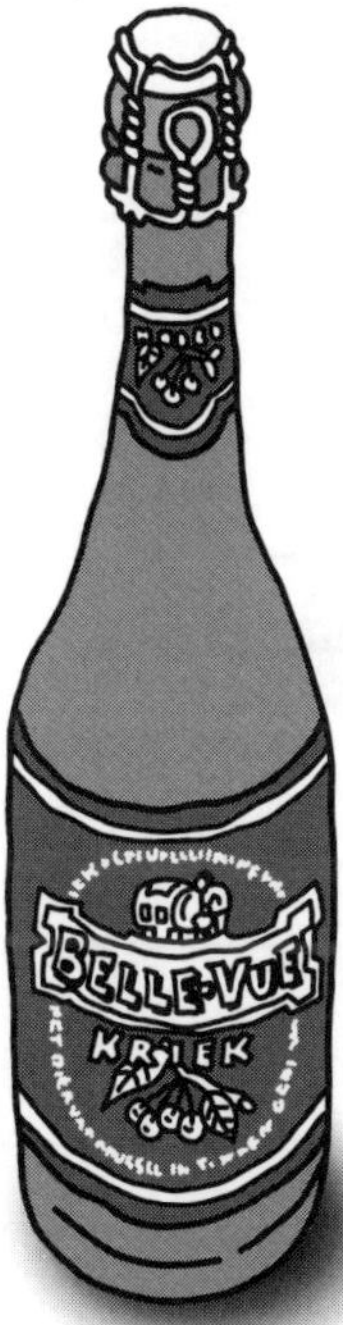

クリーク ベルギー発祥：自然発酵

外観	チェリーレッド
アロマ	チェリーの甘酸っぱいアロマ。はっきりとした酸味のあるアロマ。フルーティーなエステル・アロマ。
フレーバー	チェリーの甘酸っぱいフレーバー。はっきりとした酸味のあるフレーバー。フルーティーなエステル・フレーバー。
ボディ	ライト〜フル
アルコール度数	5〜7%
その他の特徴	フルーツランビックは、使われるフルーツの特徴によって色、香り、風味が変わってくる。

［代表的な銘柄・お薦めの1本］
クリーク
ベルビュー・クリーク
クリークは、ランビックにチェリーを漬け二次発酵させたビール。フルーティーな味わいと、種の香ばしさが魅力的だ。ベルビューのクリークはフルーツの持つ自然な甘酸っぱさが実によい。色もチェリーレッドで美しい。

フランダース・エール ◆ ベルリーナ・ヴァイセ

酸味のビールを楽しもう

ベルギーのフランダース地方では17世紀頃からフルーティーで酸味のあるビールが造り続けられている。西フランダース地方では乳酸の酸味とオークの香りがするレッドエール、東フランダースでは乳酸の酸味とモルトのフレーバーが印象的なブラウンエールである。どちらも発酵後にオークの樽に入れて、長期に熟成させるのが特徴だ。さらに、ボトルコンディション（瓶内二次発酵）をおこなうものも多い。ともに、発酵や熟成中に乳酸菌の力を借りている。

　レッドエールは木樽で熟成され、カラメルやタンニンや酸味を手に入れる。ブラウンエールは長時間の煮沸によって麦汁がカラメル化し、複雑な味わいに仕上がるのだ。

　酸味のあるビールと言えばドイツのベルリンで造られてきたベルリーナ・ヴァイセも有名である。レモン果汁に近い強烈な酸味は、初めて飲む人を驚愕《きょうがく》させるだろう。はっきりしっかり見事に酸っぱい。しかし、この酸っぱさも飲み慣れるとクセになる。また、ラズベリーのシロップやハーブエッセンスを加え、ビアカクテルとして楽しむ人も多い。

酸っぱいビールって古くて傷んでるんじゃないんですか？

　日本人は酸っぱいビールを嫌がる人が多いね。でも世界には酸味のあるビールって結構あるよ。ランビックはもちろん、ベルギーのビールには酸味が魅力となっているものがたくさんある。アイリッシュ・スタウトのギネスも、ほのかな酸味を上《う》手《ま》くキャラクターとしているよ。

フランダース・レッドエール　ベルギー発祥：上面発酵

外観	ルビーレッド～赤みを帯びた銅色
アロマ	ホップ・アロマはない。フルーティーなエステル香は顕著にある。
フレーバー	ホップ・フレーバーはない。ホップの苦みは低～中レベル。オークなどのウッディ・フレーバーを感じる。ほのかな酸味のあるもの、強烈に酸っぱいもの、乳酸味を持つものと多彩。
ボディ	ライト～ミディアム。カーボネーションの強いものもある。
アルコール度数	4.8～5.2%
その他の特徴	微量のダイアセチルを感じるもの、低温白濁するものもある。

[代表的な銘柄・お薦めの1本]

フランダース・レッドエール　ローデンバッハ

美しいルビーレッドをしたこのビールは、オーク樽のウッディなキャラクターとみずみずしいベリーを思わせる甘酸っぱいフレーバーが絶妙のバランスだ。熟成したグランクリュはさらに深い味わいである。

フランダース・ブラウンエール　ベルギー発祥：上面発酵

外観	濃い銅色～茶色
アロマ	ホップ・アロマはない。フルーティーなエステル香は顕著にある。
フレーバー	ホップ・フレーバーはない。ホップの苦みは低～中レベル。ロースト・フレーバーがわずかにある。レーズン、オリーブオイル、スパイスに似たフレーバーを感じる。ほのかな酸味のあるもの、強烈に酸っぱいもの、乳酸味を持つものと多彩。
ボディ	ライト～ミディアム。カーボネーションの強いものもある。
アルコール度数	4.8～5.2%
その他の特徴	微量のダイアセチルを感じるもの、低温白濁するものもある。

[代表的な銘柄・お薦めの1本]

フランダース・ブラウンエール　リーフマンス・ガウデンバンド

わずかに赤みのあるブラウンカラーのこのビールはモルトの甘いアロマ、香ばしさ、木の香りそして酸味がある。ボトルコンディションされたものを貯蔵蔵でエイジングして出荷される。

ベルリーナ・ヴァイセ　ドイツ発祥：上面発酵

外観	薄い麦わら色
アロマ	ホップ・アロマはまったくない。フルーティーなエステル香がはっきりと感じられる。
フレーバー	ホップ・フレーバーはまったくない。ホップの苦みはほとんど感じられない。フルーティーなエステル香がはっきりと感じられる。激しく強い酸味がある。
ボディ	ライト。カーボネーションが非常に強い。
アルコール度数	2.8～3.4%

[代表的な銘柄・お薦めの1本]

ベルリーナ・ヴァイセ　キンドル・ヴァイス

ほとんどの日本人はこのビールを飲んだ瞬間、口をすぼめ「くぅー、酸っぱぁー」と叫ぶだろう。お薦めの飲み頃は夏の昼下がり。清涼感が心地良いよ。ラズベリーシロップを溶かすと色もきれいで飲みやすい。

ベルジャン・ペール・ストロングエール
ベルジャン・ダーク・ストロングエール

アルコール度数7%でも「軽い」とは!

ベルジャンスタイルのストロングエールはアルコール度数が7～11%だ。いやぁー、本当にストロングだね。ストロングエール業界では7%で「君は軽いねぇ」なんて言われちゃうんだから。凄《すご》いもんだ。でも、その数字ほどアルコールの強さを感じないのが特徴である。ペールなんてピルスナーのような色合で、ボディもライトからミディアムだし、9℃ぐらいに冷やすのが一般的だからゴクゴクッて飲めちゃうのだ。うーん、これはある意味危険かな？　罪なヤツだ。このスタイルの「お手本」とも言えるデュベルは〝悪魔〟って意味だからね。まさにボトルの中に悪魔が潜《ひそ》んでるって感じか？　もちろん優しい小悪魔ってヤツだけどね。

ペールにしろダークにしろストロングエール造りにはキャンディーシュガー（氷砂糖）が使われることが多い。ペールの場合は白い氷砂糖、ダークの場合は茶色い氷砂糖を使う。ダークには甘く濃厚なモルトのキャラクターも必要とされる。

ストロングエールを飲む時に注意することはなんですか？

グラスに注ぐ、若干冷やす（9℃程度）など注意点はあるが最も注意するべきことは「一気飲みをしない」ってことだ。香りのかぐわしさや喉ごしのよさから、あたかもライトビールのように飲み干してしまう人がいる。これは絶対にダメだ！　第一、こんな美味しいビール、味わわないと損だよ。

ベルジャン・ペール・ストロングエール ベルギー発祥：上面発酵

外観	淡い麦わら色～金色
アロマ	ホップ、モルトともにアロマは微かに感じるレベルから中程度まで。
フレーバー	ホップ、モルトのフレーバーは微かに感じるレベルから中程度まで。ホップの苦みは微かに感じるレベルから中程度まで。ハーブやスパイスのフレーバーがほのかに感じられるものもある。
ボディ	ライト～ミディアム
アルコール度数	7～11%
その他の特徴	ホワイト・キャンディーシュガーが使われていることが多い。モルトのキャラクターがフルーティー香に伴ってやや強く感じるものもある。微量なダイアセチルを感じるもの、低温白濁するものもある。

[代表的な銘柄・お薦めの1本]

ベルジャン・ペール・ストロングエール

デュベル

フルーティーでなおかつキリッとした飲み口。カリフラワーのように盛り上がる純白の泡を楽しむため、チューリップ型のグラスで飲むのがお薦めだ。グラスの半分ぐらいが泡って感じで注ぐのが気分である。

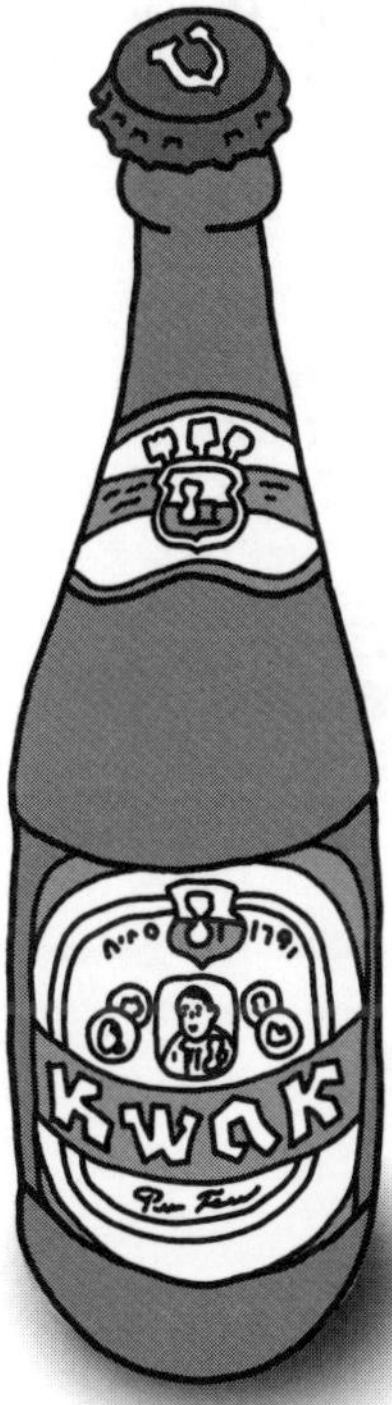

ベルジャン・ダーク・ストロングエール

ベルギー発祥：上面発酵

外観	琥珀色～茶色
アロマ	ホップ、モルトともにアロマは微かに感じるレベルから中程度まで。
フレーバー	ホップのフレーバーと苦みは微かに感じるレベルから中程度まで。モルト・フレーバーとフルーティーなエステル香が重なり合い複雑な味わいとなる。甘く濃厚でクリーミーな風味。ハーブやスパイスのフレーバーがほのかに感じられるものもある。
ボディ	ミディアム～フル
アルコール度数	7～11%
その他の特徴	ダーク・キャンディーシュガーが使われていることが多い。微量なダイアセチルを感じるもの、低温白濁するものもある。

[代表的な銘柄・お薦めの1本]

ベルジャン・ダーク・ストロングエール

パウエル・クワック

モルトの風味がはっきりしているもののドライな味わいでもある。専用グラスは底が丸いのでテーブルに置けない。昔、馬や馬車の御者台に乗った人が使っていたグラス・デザインを踏襲している。

ベルジャンスタイル・デュッベル（ダブル）
ベルジャンスタイル・トリペル（トリプル）

2倍《デュッベル》と3倍《トリペル》はかなり違う

　デュッベルは2倍、トリペルは3倍の意味である。では何をもって2倍、3倍なのか？　それは麦芽の量でありアルコール度数である。でも、それは正確に×2、×3という数値ではない。デュッベルよりもトリペルが高いということだ。2倍、3倍があるのなら1倍すなわちシングルもあるのかって？　もちろんあるよ。しかし、シングルが一般に市販されることはない。実はこのシングル、修道院で飲まれているのだ。日本の感覚だと「お寺でお酒？　ヤバイんじゃないの？」と思うだろうが、修道院では食事の際にアルコール度数の低いシングル・ビールを飲むことが許されているのだ。それも、飲む量に制限なしで。驚きだね。入信する？

　デュッベルとトリペルで気をつけなくてはいけないことは、アルコールの低いデュッベルが濃色で高いトリペルが淡色だってこと。日本人的には「色が濃いほうがアルコール度数も高いでしょ」と思っちゃいがちだが、色とアルコール度数は関係ないという例の一つである。デュッベルはナッツやチョコレート・フレーバー、甘味もしっかりしている。トリペルはフルーティーでスパイシーだ。かなり違うね。

アルコール度数が2倍、3倍じゃないのに
なぜダブル、トリプルと呼ぶんでしょうか？

　段階が上がっていくことを指してるのだろう。2倍、3倍というより2段、3段って感じかな。また、昔は文字が読めない人が多かったのでアルコール度の低いものからX、XX、XXXと表示していたためっていう説もあるぞ。

ベルジャンスタイル・デュッベル（ダブル）

ベルギー発祥：上面発酵

外観	濃い琥珀色〜茶色。泡はきめ細かくムースのように盛り上がる。
アロマ	ロースト・モルトの香ばしいアロマが強い。ホップ・アロマは非常に少ない。
フレーバー	モルトの甘味。ナッティ、チョコレート・フレーバーがある。ホップ・フレーバーはまったくない。苦みは低い。
ボディ	ミディアム〜フル
アルコール度数	6〜7.5%
その他の特徴	微量なダイアセチル、低温白濁がみられるものもある。

[代表的な銘柄・お薦めの1本]

ベルジャンスタイル・デュッベル（ダブル）

グリムベルゲン・ダブル

濃厚で甘く香ばしいモルトのフレーバーが実に素晴らしい。アルコールの刺激は強くないが温かみはしっかりと感じる。甘めのソースを使った肉料理、チョコレート菓子などのデザートにピッタリだ。

ベルジャンスタイル・トリペル（トリプル）

ベルギー発祥：上面発酵

外観	淡い金色。泡はきめ細かくムースのように盛り上がる。
アロマ	フルーティーなエステル香を感じるものもある。
フレーバー	スパイシーでフェノーリックなフレーバーがある。ホップ・フレーバーは弱い。苦味より甘味が強く後口に残る。アルコール・フレーバーがはっきり感じられる。
ボディ	ミディアム〜フル
アルコール度数	7〜10%
その他の特徴	低温白濁がみられるものもある。

[代表的な銘柄・お薦めの1本]

ベルジャンスタイル・トリペル（トリプル）

ウエストマール・トリプル

トラピスト会系の聖心ノートルダム修道院で造られるこのビールはきめ細かな純白の泡とフルーティーな香り、ハーブのようなフレーバーとオレンジにも似た爽やかな味わいが見事なバランスである。

農民のお茶がわりビールとは

セゾンビールの発祥はベルギーの農民が夏の農作業時にお茶がわりとして飲んだビールだと言われている。だから、アルコール度数は低めである。たった4.5〜9%しかないのだ。って、君ねぇ、高いやん！　ま、アルコール度数7%や8%は当たり前、「高いってのは10%を超えてから言ってちょ」ってな国だからね、ベルギーは。セゾンビールなんてお茶並みと感じるのだろう。ベルギー人はお酒にお強いようで。

セゾンビールは3月に仕込み、夏まで貯蔵する。半年近く貯蔵するわけだ。その間の品質を保つため、瓶内二次発酵、ホップを多めに加える、スパイスを入れるなどの工夫がされている。そしてそれが味のキャラクターになっているのだ。

ビエール・ド・ギャルドはフランスのビールである。フランスと言えばワイン一色って気がするけど、ビールの歴史だってちゃんとある。北部の海側、ベルギーと接する地域が発祥の地だ。ビエール・ド・ギャルドも2〜3月に仕込み、夏に飲む。アルコール度数は4.5〜8%。まぁー、ワインよりは低アルコールですけどね……。フランス人もお強いようで。

農作業中に9%のビールを飲んでたなんて！

確かに、いくらアルコールに強い国民性といっても、9%はいきすぎてるね。この数字は「現在は9%のセゾンスタイルのビールがある」ということであり、発祥の頃は4.5〜5%ぐらいだったようだ。でも、それでもやっぱり考えられないよね、日本では。

セゾン　ベルギー発祥：上面発酵

外観	濃い金色〜濃い琥珀色。豊かできめ細かな泡。
アロマ	モルト・アロマが弱い。ホップ・アロマがわずかにある。ハーブ、スパイス、スモーク・アロマがわずかにある。フルーティーなエステル香が支配的。土臭、カビ臭を感じるものもある。
フレーバー	ホップ・フレーバーがわずかにある。ハーブ、スパイス、スモーク・フレーバーがわずかにある。ホップの苦みがしっかりある。酸味がバランスよく調和している。
ボディ	ライト〜ミディアム
アルコール度数	4.5〜9%
その他の特徴	低温白濁、酵母の濁りのみられるものもある。地方や醸造所ごとに伝統的な〝我が家の味〞を踏襲しているので一概に特徴をまとめることはできない。

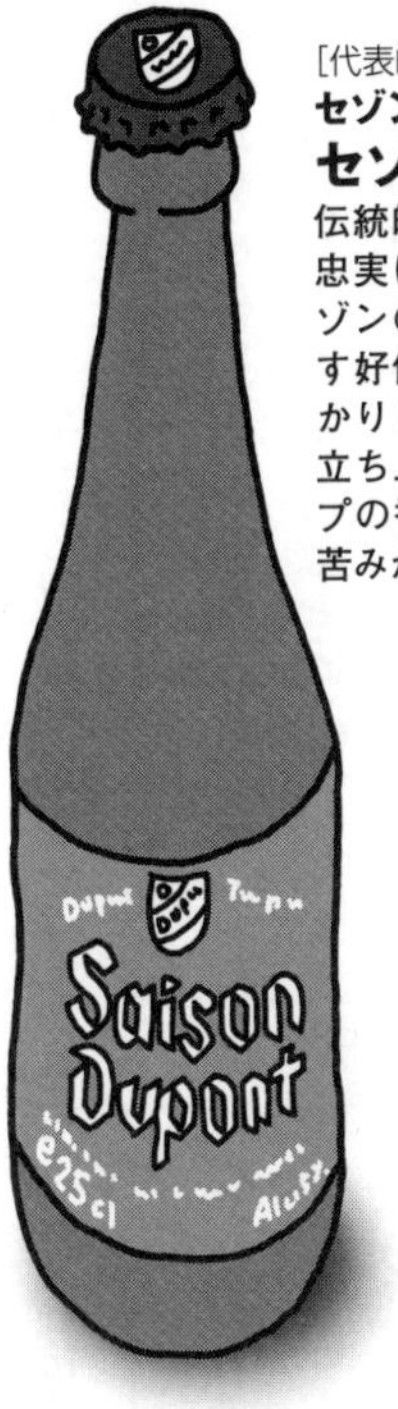

[代表的な銘柄・お薦めの1本]

セゾン

セゾン・デュポン

伝統的なセゾンスタイルを忠実に守ったビールだ。セゾンの特徴をしっかりと表す好例である。濃密でしっかりした泡がクリーミーに立ち上がり、華やかなホップの香りとスッキリとした苦みが印象的だ。

ビエール・ド・ギャルド　フランス発祥：上面発酵

外観	金色〜明るい茶色
アロマ	上品なホップ・アロマが微かなものから中程度のものまである。モルトのトースト・アロマがある。フルーティーなエステル香が微かなものから中程度のものまである。土臭、カビ臭を感じるものもある。瓶内二次発酵されているものは酵母臭を感じる場合がある。
フレーバー	上品なホップ・フレーバーが微かなものから中程度のものまである。ホップの苦みが中程度ある。ほのかな甘味を感じる。
ボディ	ライト〜ミディアム
アルコール度数	4.5〜8%
その他の特徴	低温白濁がみられるものもある。

[代表的な銘柄・お薦めの1本]

ビエール・ド・ギャルド

ディック・ジェンレイン

モルトの香り、スパイシーなフレーバーが魅力のビールだ。フルーティーなキャラクターも印象的である。バニラやスモーキーなフレーバーも探し出すことができる奥深いビール。日本ではレア物である。

ヨーロッパの修道院ではビールを造っているのだ

トラピストとアビィはビールスタイルを表す言葉ではない。どちらも修道院で造られていたビールの総称である。

違いは何か？　トラピスト・ビールはトラピスト会の修道院で造られるビールの統制呼称で、現在名乗れるのはシメイ、オルバル、ロシュホール、ウェストマール、ウェストフレテレン、アヘルの6ブランドしかない。ラベルにTRAPPISTESの文字を見つけることができる。

それに対してアビィは修道院で造られていた伝統的レシピをもとに外部の醸造所が造ったビールである。第2次世界大戦以前はトラピスト会系以外の修道院でもビールを造っているところが多かったのだ。ラベルにはABBAYEまたはABDIJという文字が書かれているはずだ。

トラピストもアビィもスタイルではないので、決まった特徴はない。スタイルとしては、デュッベルやトリペルやストロングエールに属するものが多い。なかにはどのスタイルにも分類しづらい独自の味わいを保ったビールもある。それがまた、修道院系ビールの面白いところである。

なぜ修道院で造っていたのですか？

3つの理由がある。1つは断食の期間の栄養補給。断食中も水分を摂ることは許されていたので水よりもカロリーのあるビールを飲んでいた。2つ目は修道院を訪れる人をもてなすため。3つ目はビールを売って収入を得るためである。ビール以外にチーズなどを造る修道院もあった。霞を食べて生きていけるわけじゃーないからね。

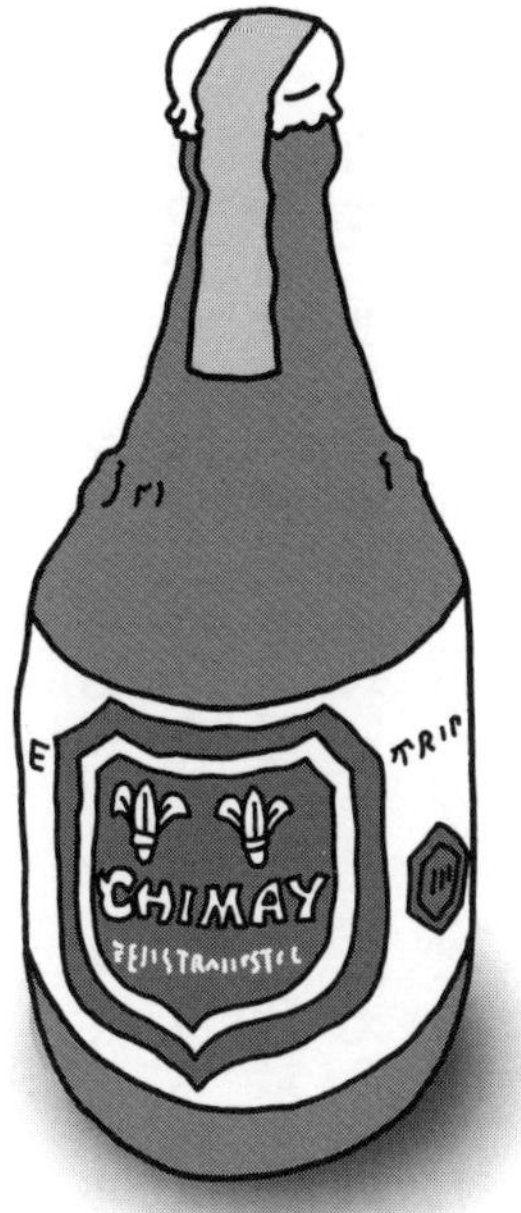

[代表的な銘柄・お薦めの1本]

トラピスト　シメイ

日本で最も入手しやすいトラピスト・ビール。知名度も高い。赤、白、青のラベルがあり、アルコール度数も7→8→9%と高くなっていく。白ラベル（実際は少しクリーム色だが）だけがやや淡色でドライ。ホップのキャラクターも強い。赤と青は濃色で、モルトの味わいがしっかりとしたビールである。

[代表的な銘柄・お薦めの1本]

トラピスト　オルバル

ボウリングのピンのような瓶、小さなラベルというユニークなビジュアルである。ビール自体も個性的でどれかのスタイルに押し込めることのできない一匹狼的存在。トラピスト・ビールのなかで最も苦みが強く、オレンジを思わせるフルーティー・アロマも強烈である。トレードマークの指輪をくわえた鱒《ます》がカワイイ。

[代表的な銘柄・お薦めの1本]

アビィ　マレッツ

ベネディクト修道院で造られていたビールの流れを踏襲している。No.6、No.8、No.10の３種類があり、数字が上がるごとにアルコール度数が6%、8%、10%と上がる。わかりやすいぞ。

大英帝国が生んだホップしっかり系ビール

イングリッシュ・ペールエールはイングランド（イギリス南部）の中部に位置する町バートン・オン・トレントで生まれた。ピルスナーなどの淡色系ビールからするとやや濃い色であるが、それ以前のビールはほとんどが濃色系だったため、ペール（薄色）エールと呼ばれた。

ペールエールのキャラクターには、この町の硬水が大きく影響している。カルシウムはビールの色を濃くしすぎず、浮遊物の沈殿を助けクリアーなビールを造り、硫黄分はホップの苦みを抽出しやすくする。

インディアン・ペールエールはペールエールの進化系だ。インディアンとはインドである。インドのペールエールという意味だ。と言ってもインドで造っていたわけではない。当時、インドはイギリス領だった。プランテーション経営のため、多くのイギリス人がインドで生活していたのだ。そんな人達のためにイギリスから船でペールエールを送っていた。船はイギリスからアフリカ大陸最南端を回り、インドに向かう。赤道を二度も通過する長い航海に耐えるため、ビールに防腐効果のあるホップを大量に加え、苦みのあるビールにした。アルコール度数も高めである。

硬水じゃないとペールエールはできないんですか？

硬水じゃないとちゃんとしたペールエールはできない。軟水の場合は、水を硬水化してから仕込まなければならない。塩分などを添加するのだ。この作業をバートナイズ（バートン化）と言う。バートン恐るべし？

イングリッシュ・ペールエール

イギリス発祥：上面発酵

外観	金色～銅色
アロマ	英国産のホップ・アロマがはっきりしている。モルト・アロマは微かなものから中程度のものまで。フルーティーなエステル香は中程度のものからはっきり強いものまで。
フレーバー	英国産のホップ・フレーバーと苦みが中程度のものからはっきり強いものまである。モルト・フレーバーは微かなものから中程度のものまで。弱いカラメル・フレーバーを感じるものもある。フルーティーなエステル香は中程度のものからはっきり強いものまで。
ボディ	ミディアム
アルコール度数	4.5～5.5%
その他の特徴	ダイアセチルは感じない、または非常に低レベル。低温白濁がみられるものもある。

[代表的な銘柄・お薦めの1本]

イングリッシュ・ペールエール

ハーベストムーン・ペールエール

舞浜イクスピアリ「ロティズ・ハウス」で造られている。インターナショナル・ビア・コンペティション2000、2002の受賞ビール。ハーブのような香りがするイギリス産ホップと奥深い味わいのイギリス産モルトがたっぷりと使われている贅沢なビールである。

http://www.ikspiari.com/harvest/

インディアン・ペールエール（IPA）

イギリス発祥：上面発酵

外観	金色～濃い銅色
アロマ	英国産ホップのアロマがしっかりしている。フルーティーなエステル香は抑えられたものから非常に強いものまである。
フレーバー	英国産ホップのフレーバーがしっかりしている。極めて強いホップの苦み。モルト・フレーバーは中程度。
ボディ	ミディアム
アルコール度数	5～7.5%
その他の特徴	低温白濁がみられるものもある。

[代表的な銘柄・お薦めの1本]

インディアン・ペールエール

ベアードビール・帝国IPA

ベアードブルーイングは1回30リットルという少量の仕込みを丁寧におこない、素晴らしい手造りビールを提供してくれる。帝国IPAはイングリッシュIPAにアメリカ風のテイストを加えた美味しいビールだ。

http://www.bairdbeer.com/j/

苦みを抑えたしっとり系の英国エール

ブラウンエールもマイルドエールも名は体を表す。ブラウンエールは茶色く、マイルドエールは穏やかな味わいだ。そしてどちらもホップの苦み、風味が非常に弱い。

ブラウンエールはイングランドの北部に位置するニューキャッスルという町で生まれた。当時流行していたバートン生まれのペールエールに対抗しようと考え出されたのだ。「ペールエールが苦みのビールってことならウチは苦みを抑えたビールにしよう」と対抗意識むき出しである。どっかの国の会社みたいに、二番煎じ三番煎じに走らないところがいいよね。開発に3年の月日を要したというから執念だ。１９２７年、見事完成し翌年にはロンドン醸造博覧会ボトルビール部門第1位に輝いたというから日本ならプロジェクトXのネタになるよね。

マイルドエールは、イングランド中部の工業都市ウルヴァーハンプトンで、労働者の疲れを癒すビールとして生まれた。苦みが弱く、飲み飽きない。古くは収穫祭の振る舞い酒にも使われていた。アルコール度数が低いので昼食時のビールとしても人気が高い。

ブラウンエール、マイルドエールはあまり日本で見かけないのはなぜ？

地ビールメーカーで造ってるところもあるが、ヴァイツェンやペールエールに比べると少ないね。やはり、日本人は「ビールは苦い」という固定観念が強いんじゃないかな？でも、多彩なビール観が広がれば「苦くないビール」の人気も高まってくると思うよ。

ブラウンエール　イギリス発祥：上面発酵

外観	濃い銅色〜茶色
アロマ	ホップ・アロマは非常に低い。ナッツのようなモルト・アロマがある。フルーティーなエステル香がある。
フレーバー	ホップ・フレーバーは非常に低い。ナッツのようなモルト・フレーバーがある。フルーティーなエステル香がある。
ボディ	ミディアム。ドライなものから甘くコクのあるものまである。
アルコール度数	4〜5.5%
その他の特徴	微かにダイアセチルを感じるものもある。低温白濁は問題ない。

[代表的な銘柄・お薦めの1本]
ブラウンエール
ニューキャッスル・ブラウンエール

この銘柄をさしおくわけにはいかないだろう。モルトのナッティ・フレーバーが芳《かぐわ》しく、ホップの苦みは控えめだ。星のマーク、橋のシルエットなどラベルのデザインもカワイイ。透明ボトルなので、日光臭に注意。

[代表的な銘柄・お薦めの1本]
マイルドエール
はこだてビール・北の一歩

インターナショナル・ビア・コンペティション2002マイルドエール部門で銅賞を受賞したビールだ。ふくよかな味わいが魅力である。はこだてビールのストロングエール「社長のよく飲むビール」も旨いよ。
http://www.hakodate-factory.com/beer/default.htm

マイルドエール（ペール）　イギリス発祥：上面発酵

外観	明るい琥珀色〜明るい茶色
アロマ	ホップ・アロマは低い。フルーティーなエステル香は極めて弱い。
フレーバー	ホップ・フレーバーは少ない。ホップの苦みは少ない。モルトの甘味が支配的。
ボディ	ミディアム
アルコール度数	3.2〜4%
その他の特徴	軽くダイアセチルがあるほうがよい。低温白濁は問題ない。

マイルドエール（ダーク）　イギリス発祥：上面発酵

外観	濃い銅色〜濃い茶色
アロマ	ホップ・アロマは非常に弱い。甘味あるモルト・アロマが支配的。フルーティーなエステル香は極めて弱い。カラメル香、ロースト香、リコリスキャンディ香を伴う場合もある。
フレーバー	ホップ・フレーバーは非常に弱い。甘味あるモルト・フレーバーが支配的。カラメル香、ロースト香、リコリスキャンディ香を伴う場合もある。
ボディ	ミディアム
アルコール度数	3.2〜4%
その他の特徴	軽くダイアセチルがあるほうがよい。低温白濁は問題ない。

名前は似ているがかなり違う。まぎらわしい?

スコティッシュ・エールとスコッチ・エール。名前は似ているがかなり違う。はっきり言ってまぎらわしいよ。なんでこんな似た名前になってしまったのか?

スコティッシュ・エールは伝統的にスコットランドで造られていた。モルトの風味が強く、ホップは弱い、ミディアムボディのビールだ。アルコール度数の違いによってライト、ヘビー、エクスポートなどさらに細かく分類される。また、古いイギリスの通貨、シリング(/-)を商品名に使い差別化を図っているブランドが増えている。これは昔、ビール1バレルの値段が60シリング、80シリングというようにモルトの使用量、アルコール度数によって違っていたことに由来している。

それに対してスコッチ・エールは、対輸出用にスコットランドのエディンバラで開発されたビールスタイルだ。特にベルギー市場を意識して造られた。そのため、ハイアルコールでフルボディ。ベルギーの修道院ビールにも似た濃厚な味わいを持っている。

自分で飲むのはスコティッシュ、輸出するのはスコッチってことか?

スコティッシュ・エールとスコッチ・エールの違い、どー覚えればいいですか?

スコットランドで飲まれるスコティッシュ・エールは低アルコール(高くても4.5%)で、ベルギーに輸出するスコッチ・エールは高アルコール(低くても6.2%)と覚えよう。スコットランド人は高アルコール=スコッチ・ウィスキーなのでビールは口当たりのいいものがお気に入りだったんじゃないかな?

スコティッシュ・エール

イギリス発祥：上面発酵

外観	【ライト】【ヘビー】【エクスポート】	金を帯びた琥珀色〜濃い茶色
アロマ	【ライト】	ホップ・アロマは感じられない。
	【ヘビー】	ホップ・アロマは感じられない。フルーティーなエステル香があったとしても極めて低いレベル。
	【エクスポート】	ホップ・アロマは感じない。フルーティーなエステル香がはっきりと感じられる。
フレーバー	【ライト】	ホップ・フレーバーは感じられない。ホップの苦みが弱い。モルトのカラメル・フレーバーは、ある程度感じられる。微かなスモーク臭があってもよい。
	【ヘビー】	ホップ・フレーバーは感じられない。ホップの苦みは弱い。軽いモルト風味。モルトのカラメル・フレーバーは中程度。微かなスモーク香があってもよい。フルーティーなエステル香があったとしても極めて低いレベル。
	【エクスポート】	ホップ・フレーバーは感じない。ホップの苦みは微かなものから中程度。モルトの甘味、カラメル・フレーバーが顕著。微かなスモーク香があってもよい。フルーティーなエステル香がはっきりと感じられる。
ボディ	【ライト】	ライト
	【ヘビー】	ミディアム
	【エクスポート】	ミディアム
アルコール度数	【ライト】	2.8〜3.5%
	【ヘビー】	3.5〜4%
	【エクスポート】	4〜4.5%
その他の特徴	【ライト】【ヘビー】【エクスポート】	低いレベルのダイアセチル、硫黄臭を感じるものもある。低温白濁がみられるものもある。

[代表的な銘柄・お薦めの1本]

スコティッシュ・エール

那須高原・スコティッシュエール

インターナショナル・ビア・コンペティション2002、2003で連続受賞した実力派ビール。芳醇な香りとモルトの甘味が印象的だ。那須高原ビールは他のスタイルでも数多くの受賞歴がある優秀な醸造所である。

http://www.nasukohgenbeer.co.jp/

スコッチ・エール

イギリス発祥：上面発酵

外観	濃い銅色〜茶色
アロマ	ホップ・アロマは非常に弱い、もしくはまったく感じない。モルトの甘味あるアロマがある。フルーティーなエステル香は中程度。スモーク香、ピート香が微かにあるものも。
フレーバー	ホップ・フレーバーは非常に弱い、もしくはまったく感じない。ホップの苦みは中程度だが、モルトの強い甘味によって弱いレベルにしか感じない。モルトの芳醇で甘味あるフレーバーがしっかりしている。ダークなロースト・モルトのフレーバーは微か。アルコール・フレーバーが強いが、モルト風味とバランスがとれている。カラメル・キャラクターがあるものも。フルーティーなエステル香は中程度。
ボディ	フル
アルコール度数	6.2〜8%
その他の特徴	微かなダイアセチルは問題ない。低温白濁がみられるものもある。

[代表的な銘柄・お薦めの1本]

スコッチ・エール

マッキュワンズ・スコッチエール

マッキュワンズ（マックイーワンズ）には他にもいくつかの銘柄があり、それぞれのラベルが似ているのでよく確かめよう。アルコール度数8.5%のものが、スコッチ・エールだ。モルトの甘味がしっとりとしたビールだ。

英国の伝統的な高アルコールしっとりビール

　どちらも古くから全英で造られてきた高アルコールビールだ。違いは曖昧《あいまい》でメーカーによるネーミングの違いでしかない場合もある。しいて言えばアルコール度数がオールドエールのほうがやや低めということぐらいだが、これとて範囲がかぶっていて、明確な境界線とは言えない。

　バーレイワインという言葉のほうが新しく、19世紀末に使われだした。バーレイ（大麦）で造るワインのようにフルーティーで芳醇なビールという意味である。確かに、バーレイワインと表示されているものはオールドエールと表示されているものよりもしっかりしたフルーティー・アロマ、フレーバーを持つ傾向にある。時としてそれはレーズンなどのドライフルーツを思わせるほど顕著だ。また、バーレイワインからは熟成したシェリーやポートワイン、紹興酒《しょうこうしゅ》のような香りが立ちのぼる。

　ホップに関しても、オールドエールは苦みが極めて弱く風味も中程度に抑えられているが、バーレイワインは低〜高範囲まで許されている。

　ま、この2つのスタイルの違いは、あまり厳密に考えず楽しく飲もうよ。うまけりゃいいじゃん。

レーズンのような香りがするバーレイワインにはブドウが使われているの？

　レーズンのような香り、ワインという名前。確かにブドウと関係あるような気がするけど、麦からできている純粋なビールだよ。レーズンのような香りは、酵母が造り出すエステルや高級アルコール（フーゼル・アルコール）だ。

オールドエール　イギリス発祥：上面発酵

外観	濃い琥珀色〜茶色
アロマ	ホップ・アロマは最小限に抑えられている。
フレーバー	ホップ・フレーバーはゼロ〜中程度。ホップの苦みは最小限しかない。爽やかなモルトの甘味とカラメル香がある。甘く、芳醇、複雑でフルーティーなエステル香がある。
ボディ	ミディアム〜フル
アルコール度数	6〜9.5%
その他の特徴	発酵後1年以上の熟成が必要。数年におよぶものもある。ダイアセチルは許される。オーク樽で熟成されたものにはオーク香がある。

[代表的な銘柄・お薦めの1本]

オールドエール

トラクェア･ハウスエール

スコットランドのトラクェア城で造られる、由緒正しきビールだ。香ばしいモルト。フレーバーはナッツやビターチョコレートを思わせる。また、オーク樽のもたらすウッディなキャラクターも素敵だ。

バーレイワイン　イギリス発祥：上面発酵

外観	黄褐色を帯びた銅色〜濃い茶色
アロマ	ホップ・アロマは微少〜非常に高いレベルと範囲が広い。甘味あるモルト・アロマとオロロッソ（長期熟成シェリー）やドライフルーツのようなアロマがある。
フレーバー	ホップ・フレーバーは微少〜非常に高いレベルと範囲が広い。モルトの甘味が強い。ホップの苦みは強いが、甘味やアルコール感とバランスがとれているのであまり感じないものもある。フルーティーなエステル香とオロロッソやドライフルーツのような風味と強いアルコール・フレーバーがある。
ボディ	フル
アルコール度数	8.4〜12%
その他の特徴	微少なダイアセチルがあるものも。

[代表的な銘柄・お薦めの1本]

バーレイワイン

アンカー・オールドフォグホーン

サンフランシスコ、アンカー社のバーレイワイン。芳醇で濃厚なモルトの魅力と熟成したシェリーやレーズンを思わせるフレーバーがホップの苦みに絡《から》み合う。リッチな味わいがトロ〜ンと幸せな気分にしてくれる。

どちらもアイデアマンが考案したビールだ

ポーターは1722年にロンドンで生まれた。当時、ペールエールとブラウンエールと古くなって酸味が出たブラウンエールを混ぜた、スリースレッドというビール（カクテル？）が人気だった。で、ロンドンのパブ・オーナー、ラルフ・ハーウッドは考えた、「いちいち作るのめんどくせー。同じ味のビールを造っとけばいいジャン」と。

彼はそのビールをエンタイアと名付けたが、パブの近くの青果市場で働くポーター（荷運び人）が好んで飲んだため、ポーターと呼ばれるようになった。

スタウトは、そんなポーターが海を渡り、アイルランドで進化したビールである。1778年、アーサー・ギネスが考案した。当時、ビールの税金は〝麦芽〟にかけられていた。で、ギネスは考えた、「麦芽にしなければいいジャン」と。麦芽化していない大麦を直接ローストして、原材料に加えたのだ。するとその焦げた苦みがホップの苦みとは違うシャープさとなり人気が出たのである。

ポーターとスタウトは兄弟（親子？）みたいなうえ、どちらも〝考えた〟ってところが共通だ。

節税のために麦芽を使わないって、日本の発泡酒みたいですね。

日本の場合、麦芽を減らし副原料を増やし、ピルスナーに近いものを造ろうとした。

アーサー・ギネスは、麦芽にしない大麦を焦がして、ポーターとは一味違った新しいビールを造った。どちらも節税から生まれたってところは共通点だね。結果はちょっと違うけど。

ポーター イギリス発祥：上面発酵

外観	黒
アロマ	ホップ・アロマはほとんどなし～中程度。ローストモルトのアロマがある。
フレーバー	ホップ・フレーバーはほとんどなし～中程度。ホップの苦みは中～強。ローストモルトのフレーバーがある。ブラックモルトのシャープな苦みもあるが、強い焦げ苦さはない。モルトの甘味がある。フルーティーなエステル香がはっきりある（ローストモルトやホップの苦みと調和している）。
ボディ	ミディアム～フル
アルコール度数	5～6.5%
その他の特徴	色が茶色～濃い茶色のブラウン・ポーターというスタイルもある。ボディはライト～ミディアムとやや軽め。ブラウン・ポーターと区別するため黒いポーターをロブスト・ポーターと呼ぶ場合もある。

[代表的な銘柄・お薦めの1本]

ポーター

スワンレイクビール・ポーター

ワールド・ビア・カップ2000で金賞、2004で銅賞を受賞。世界の一級品と呼ぶにふさわしいビールだ。ローストモルトの香ばしさと芳醇な味わい。豊かできめ細かな美しい泡。リッチでしっかりとした飲みごたえのビールだ。

http://www.swanlake.co.jp/main/

スタウト アイルランド発祥：上面発酵

外観	黒。ベルベットのようにきめ細かな泡。泡もちがよい。
アロマ	ホップ・アロマはまったくない。ローストモルトのアロマがある。フルーティーなエステル香があるが、麦芽やローストバーレイにより目立たない。
フレーバー	ホップ・フレーバーはまったくない。ホップの苦みは強い。飲み始めにカラメルモルトのフレーバーを感じる。後味にローストモルトのスッキリした苦みとローストバーレイのドライなフレーバーが残る。ほのかな酸味（なくてもよい）、フルーティーなエステル香があるが、麦芽やローストバーレイやホップの苦みにより目立たない。
ボディ	ミディアム
アルコール度数	3.8～5%
その他の特徴	ダイアセチルはまったくないか、あっても微量。スイート・スタウト、フォーリン・スタウトなどと区別するため、ドライ・スタウトと呼ぶ場合もある。

[代表的な銘柄・お薦めの1本]

スタウト

ギネス・スタウト

やはりこの銘柄だろう。ローストバーレイの苦みとわずかな酸味。ムースのように細かくいつまでも消えない泡。ギネスなくしてスタウトは語れない。日本での商品名はドラフト・ギネス。

甘味、ベルベットのような舌触りのまったりビール

イギリスではスタウトやポーターに砂糖を入れて飲む習慣があった。苦みを和《やわ》らげ、さらに濃厚な味わいを求めるためだ。これをビールメーカーが見逃すはずはない。あらかじめ砂糖を入れたスタウトを開発して商品としたのだ。それがスイート・スタウトの起源である。また、乳糖を加えるものもあり、これらはミルク・スタウト、クリーム・スタウトと呼ばれた。しかし、これらは「牛乳を使っている＝栄養価が高く健康によい」という誤解を招く理由から商品名に使うことを制限された。

ブルワリーのなかにはチャネル諸島やマルタ島といったイギリス政府の拘束がない場所で醸造したり、クリーム色のラベルに〝クリームラベル・スタウト〟とプリントし、規制を逃れようとしたところもあった。それほど〝ミルク〟〝クリーム〟と名前のつくビールは人気があったのだ。

オートミール・スタウトも〝栄養価が高い芳醇ビール〟が流行《はや》っている頃に登場した。オート麦はほんの少し（原材料の5％以下程度）でも充分なボディ、ベルベットのような滑《なめ》らかな舌触り、ビターチョコレートやコーヒーのような香ばしい風味を約束してくれる。

砂糖を入れるスイート・スタウトは瓶内で二次発酵してしまいませんか？

鋭い質問だね。確かに、そのままでは二次発酵する。だから熱処理して酵母の働きを止めてしまう必要があるんだ。最近のスイート・スタウトは糖化の段階で〝発酵しない糖〟を作り甘味を残すものが多い。熱処理をしなくても瓶内二次発酵しないよ。

スイート・スタウト イギリス発祥：上面発酵

外観	黒
アロマ	ホップ・アロマは弱い
フレーバー	ホップ・フレーバーは弱い。モルトの甘味、チョコレート・フレーバー、カラメル・フレーバーが支配的。ホップの苦みは甘味とバランスがとれている。ローストモルトの苦みは弱い。
ボディ	フル
アルコール度数	3〜6%
その他の特徴	乳糖（ラクトース）が加えられているものもある。

[代表的な銘柄・お薦めの1本]

スイート・スタウト

飛騨高山麦酒・スタウト

ずんぐりとしたボトルと和風ラベルも人気。深みある甘さと香ばしいモルトのフレーバーがバランスよく調和している。インターナショナル・ビア・コンペティション2001、2002、ジャパン・ビア・カップ2004で金賞を受賞している素晴らしいビールだ。

http://www.hidatakayama.com/hidacom/takayamabeer/

オートミール・スタウト イギリス発祥：上面発酵

外観	濃い茶色〜黒
アロマ	芳醇なモルト・アロマがある。ホップ・アロマはない〜バランスを崩さない程度。
フレーバー	ホップ・フレーバーはない〜バランスを崩さない程度。ホップの苦みはバランスを崩さない程度。ローストモルトの苦みはない。オート麦の芳醇なフレーバーがある。カラメル、チョコレート・フレーバーがはっきりある。
ボディ	ミディアム〜フル
アルコール度数	3.8〜6%
その他の特徴	穀物臭があってはならない。

[代表的な銘柄・お薦めの1本]

オートミール・スタウト

サミュエル・スミス・オートミールスタウト

非常に滑らかな口当たりとモルトの馥郁《ふくいく》たるキャラクターが心地良い。サミュエル・スミスは、ペールエールやポーターなどイギリスの伝統的スタイルを守る歴史ある醸造所だ。

世界に羽ばたくスタウト兄弟

18世紀後半、イギリスからバルト海沿岸（ドイツ北東部からポーランド、リトアニアにかけて）に向け、高アルコールのビールが輸出されていた。そしてそれがロシアの女帝エカテリナ2世のお気に入りとなった。重厚なモルト感、鮮烈なホップの苦み、気品あるエステル香。それらが複雑に絡《から》み合い、ゴージャスでリッチな味わいを醸し出すこのビールをどんどん買い付けた。イギリスの醸造所はこぞってこのスタイルのビールを造り、ロシア皇室に輸出した。いつしかこの高アルコールビールはインペリアル（皇帝の）・スタウトと呼ばれるようになった。

フォーリン・スタウトは、アイルランド発祥のドライ・スタウトが他国で進化した（もしくは他国向けに進化させた）もの。ボディ、アルコール度数はドライ・スタウトよりあきらかに高めである。イギリスの影響を強く受けたスリランカ（旧セイロン）にはライオン・スタウトというモルティでフルボディな素晴らしいフォーリン・スタウトがある。また、日本のキリン、アサヒが造っているスタウトもハイレベルのビールで、世界的にも高い評価を受けている。

スタウトはすべてアイルランド発祥と考えていいですか？

うーん、難しい質問だね。スタウトはアイルランド発祥だけどその元となったポーターはイギリス発祥だ。スイート・スタウト、インペリアル・スタウトはイギリスのブルワリーが造り出したんでイギリス発祥ってことになるね。フォーリン・スタウトはアイルランドから各国に出て行ったわけだからアイルランド発祥ってことになるかな。ややこしいね。

インペリアル・スタウト　イギリス発祥：上面発酵

外観	濃い銅色〜黒
アロマ	ホップ、モルト、フルーティーなエステル・アロマが強くはっきりしていて、バランスよく調和している。
フレーバー	ホップ、モルト、フルーティーなエステル・フレーバーが強くはっきりしていて、バランスよく調和している。ホップの苦みは強いが、モルトの甘味が強いのでそれほど苦いと感じない。ローストモルトの苦みと渋味がある場合もある。
ボディ	フル
アルコール度数	7〜12%
その他の特徴	微少なダイアセチルが感じられるものもある。

[代表的な銘柄・お薦めの1本]

インペリアル・スタウト

蝦夷麦酒・インペリアル・スタウト

蝦夷麦酒はオレゴンのブルワリー「ローグ」と札幌のビア・パブ「BEER INN 麦酒停」のフレッド・カフマン氏のコラボレーションにより生まれた。14種類のホップを使った複雑な苦味とリッチなモルト感が心地よい。http://www.ezo-beer.com/fb-j.html

フォーリン・スタウト　アイルランド発祥：上面発酵

外観	黒
アロマ	ホップ・アロマはまったくない。フルーティーなエステル香は微弱ある。
フレーバー	ホップ・フレーバーはまったくない。飲み始めにモルトの甘味とカラメル・フレーバーがある。後味にローストモルトのスッキリした苦みが強く残るが甘味とバランスがとれている。ほのかな酸味のあるものも。フルーティーなエステル香は微弱ある。
ボディ	ミディアム〜フル
アルコール度数	5.7〜7.5%
その他の特徴	ダイアセチルはあっても無視できる程度。泡もちがよい。

[代表的な銘柄・お薦めの1本]

フォーリン・スタウト

キリン・スタウトとアサヒ・スタウト

甲乙つけがたい。双璧をなす素晴らしいビールだ。日本の良心とも言える銘柄。ともにしっかりとしたモルト風味を持ち、アルコール度数は8%。フルボディで飲みごたえ充分。もっと流通すべき絶品中の絶品。

ドイツの伝統的な上面発酵ビール

ケルシュはケルンで造られたビールである。これは法律で定められた統制呼称である。「ケルシュと呼べるものはケルン並びに北はドルマゲン、南はボン、西はベトブルク、東はビールスタインまでの地域で造られたものに限る」とされている。限定されているのだ。

しかし、ビール通《つう》の方ならすでにご存じだろう。日本で数多《あまた》のケルシュが造られていることを。日本の地ビールメーカーの多くがケルシュを造っている。近くで類似品を造られると困るけど、日本はドイツからあまりに遠すぎて「もーイイんじゃない?」って境地に達してるんだろう。

ケルシュ最大の特徴は上面発酵と低温熟成の融合である。いいとこ取りでフルーティさとシャープさを手に入れている。

同じく上面発酵+低温熟成で造られるのがアルトである。アルトは「古い」という意味で、何をもって古いのかというと〝下面発酵〟に対して古いのである。〝上面発酵による古典的ビール〟ということだ。デュッセルドルフを中心に伝統を守り続けている。アルトも日本の地ビールメーカーに人気の高いビールスタイルである。

なぜ、ケルシュとアルトを造る地ビールメーカーが多いのですか?

長くピルスナーを飲み続けてきた日本の消費者には、上面発酵ビールといえども低温熟成のスッキリ系がいいってことかな? 機材の購入時にケルシュとアルトを習ったから、というところもあるようだが。

ケルシュ ドイツ発祥：上面発酵
（ハイブリッド・ビールと分類される場合もある）

外観	金色
アロマ	ホップ・アロマは弱い。
フレーバー	ホップ・フレーバーは弱い。ホップの苦みは中程度。モルトのカラメル・フレーバーはない。いくぶんドライ。ほのかな甘味、白ワイン（シャルドネ）を思わせるフレーバーを持つものもある。
ボディ	ライト
アルコール度数	4.8～5.2%
その他の特徴	原料に小麦が混ざっているものもある。発酵には上面酵母を使うが二次発酵時に下面発酵酵母を投入してもよい。低温白濁が微かにみられるものもある。

[代表的な銘柄・お薦めの1本]
ケルシュ
ロコビア･佐倉･香りの生
ワールド・ビア・カップ2004で銅賞を受賞。世界が認める日本屈指のケルシュである。国内のビア・コンペティションでも受賞リストにロコビアの名が見つからない年はない。上品なフルーティー香が素晴らしい。
http://www.shimor.com/

アルト ドイツ発祥：上面発酵
（ハイブリッド・ビールと分類される場合もある）

外観	銅色～茶色
アロマ	ホップ・アロマは微かなものからはっきり感じるものまで広範囲。フルーティーなエステル香は微か。
フレーバー	ホップ・フレーバーは微かなものからはっきり感じるものまで広範囲。ホップの苦みは中程度からやや苦めのものまである。モルト・フレーバーは中程度。
ボディ	ミディアム
アルコール度数	4.3～5%
その他の特徴	全体印象としてクリーンでみずみずしい口当たりを感じ、かつフレーバーがしっかりしている。小麦など多様な麦芽を使ったものもある。

[代表的な銘柄・お薦めの1本]
アルト
大沼ビール・アルト
モルトの味わいがしっかりしたアルト。赤紫を帯びた褐色のビール。実に美しい。モルトの甘味と香ばしい魅力がホップの苦みによく馴《な》染《じ》んでいる。ジャパン・ビア・カップ2003、2004金賞をはじめ、多くの賞を受賞している。同社のケルシュもお薦めだ。
http://www.onumabeer.co.jp/

バナナ、丁字、ナツメグの香りがするビール

ヴァイツェンは南ドイツ地方で古くから造られている伝統的な小麦ビールである。大麦麦芽と小麦麦芽で造られる。少なくとも50%の小麦麦芽を使わなければヴァイツェンとは呼べない。

ヴァイツェンはクローブ（丁字《ちょうじ》）やナツメグにも似たフェノール香、バナナのようにフルーティーなエステル香を持つことで知られている。また、豊かなきめ細かい泡と（クリスタル・ヴァイツェンを除き）濁りがあることが特徴でもある。

ヴァイツェンには、サブカテゴリーが多いことも押さえておきたい。仲間が多いのだ。酵母入りのヘーフェ・ヴァイツェン、酵母を除去した清澄《せいちょう》で透明感あふれるクリスタル・ヴァイツェン、濃色のデュンケル・ヴァイツェン、高アルコールのヴァイツェン・ボック、濃色で高アルコールのデュンケル・ヴァイツェン・ボックである。

ヴァイツェンは日本の地ビールメーカーがこぞって造っているスタイルでもある。競争原理が働き、非常に優秀なヴァイツェンが揃《そろ》っている。日本はドイツに次ぐヴァイツェン王国だ。

なぜ、日本の地ビールメーカーはヴァイツェンをよく造るんですか？

フルーティーな香り、苦みの少なさが新しいビール観として受け入れられたんじゃないかな？　女性にも人気が高いし。麹《こうじ》香にも似たアロマも日本人好みなのかもしれないね。日本のヴァイツェンはレベルが高いよ。

ヘーフェ・ヴァイツェン　ドイツ発祥：上面発酵

外観	ごく淡い麦わら色〜薄い琥珀色。泡立ちがよく、もちもよい。くすみがある。
アロマ	ホップのアロマは皆無。クローブ、ナツメグに似たフェノーリックなアロマがある。スモーク香やバニラのようなアロマがするものもある。バナナのようなエステル・アロマを持つものも少なくない。酵母香がある。
フレーバー	ホップのフレーバーは皆無。ホップの苦みは微か。クローブ、ナツメグに似たフェノーリックなフレーバーがある。スモーク香やバニラのようなフレーバーがするものもある。バナナのようなエステル・フレーバーを持つものも少なくない。残糖がやや高い。酵母香がある。
ボディ	ミディアム〜フル
アルコール度数	4.9〜5.5%
その他の特徴	原料に少なくとも50%の小麦が使われていなければならない。

[代表的な銘柄・お薦めの1本]

ヘーフェ・ヴァイツェン

オーベルドルファー・ヴァイス

フルーティーなエステル香ときめ細かな泡が口当たりのよさを生む。飲む人を幸せにしてくれるビールだ。苦みが少なく、料理との相性もいい。ドイツでは朝食用ビールとしても楽しまれている。

[代表的な銘柄・お薦めの1本]

クリスタル・ヴァイツェン

大山Gビール・クリスタル・ヴァイツェン

大山Gビールはペールエール、スタウト、ピルスナーなどで数々の受賞歴を持つ優秀な醸造所だ。限定醸造だが、エステル香の素晴らしいクリスタル・ヴァイツェンを造っている。ヘーフェが多い日本では珍しい。

http://www.daisen.net/g-beer/gentei_histry.html

クリスタル・ヴァイツェン　ドイツ発祥：上面発酵

外観	ごく淡い麦わら色〜濃い金色。泡立ちがよく、もちもよい。清澄透明。
アロマ	ホップのアロマは皆無。クローブ、ナツメグに似たフェノーリックなアロマがある。スモーク香やバニラのようなアロマがするものもある。バナナのようなエステル・アロマを持つものも少なくない。ヘーフェのような酵母香は感じられない。
フレーバー	ホップのフレーバーは皆無。ホップの苦みは微か。クローブ、ナツメグに似たフェノーリックなフレーバーがある。スモーク香やバニラのようなフレーバーがするものもある。バナナのようなエステル・フレーバーを持つものも少なくない。ヘーフェのような酵母香は感じられない。残糖がやや高い。
ボディ	ミディアム〜フル
アルコール度数	4.9〜5.5%
その他の特徴	原料に少なくとも50%の小麦が使われていなければならない。 *デュンケル・ヴァイツェンはローストモルトのキャラクター、ヴァイツェン・ボックは6.9〜9.3%のアルコール度数、デュンケル・ヴァイツェン・ボックはその両方が求められる。

ペールエールのアメリカ版。ホップが華やか

もちろん、名前の通り、アメリカ発祥のビールスタイルである。

アメリカのビールというと薄味のビールを連想するかもしれない。しかし、それはアメリカン・ラガーまたはアメリカン・ライトラガーと呼ばれるスタイルで、暑い夏やスポーツのあと、風呂上がりには最高のビールである。バドワイザー、ミラー、クアーズがその好例だ。非常に美味しいビールである。

それに対して、アメリカン・ペールエール、アメリカン・IPA（インディアン・ペールエール）は、イングリッシュ・ペールエール、IPAのアメリカ版と考えればよい。イングリッシュスタイルとの違いはアメリカのホップを使っているという点だ。イギリスのホップは刈り草やハーブ、紅茶に似た香りがするのに対して、アメリカン・ホップはグレープフルーツを思わせる柑橘系《かんきつけい》の香りがはっきりとする。

そして、総じてアメリカ人はホップ好きである。イングリッシュスタイル以上にホップのキャラクターが際だっていると言える。ホップのキャラクターがしっかりした香りと苦みのビールである。

アメリカン・アンバーエール、アメリカン・ブラウンエールという名前を聞いたことがあります。どんなビールですか？

アメリカン・ペールエールの濃色版と考えればよい。アンバーエールは、薄い銅色〜明るい茶色。ブラウンエールは銅色〜茶色だね。ロースト香も出ているよ。アンバーエールならサンクトガーレンがお薦めだ。

http://www.sanktgallenbrewery.com/beer.html

アメリカン・ペールエール アメリカ発祥：上面発酵

外観	金色〜薄い銅色
アロマ	アメリカ産のホップ・アロマが著しく際だっている。フルーティーなエステル香が穏やかなものからはっきりしたものまで。
フレーバー	アメリカ産のホップ・フレーバーと苦みが著しく際だっている。モルト・フレーバーは微かなものから中程度までである。微かにカラメル・フレーバーを感じるものもある。
ボディ	ミディアム
アルコール度数	4.5〜5.5%
その他の特徴	ダイアセチルは非常に低いレベルならば許される。低温白濁がみられるものもある。

[代表的な銘柄・お薦めの1本]

アメリカン・ペールエール ヤッホーブルーイング・よなよなエール

ビア・コンペでは、もはや敵なしの状態。アメリカン・ペールエール部門で連戦連勝の金メダルビール。はっきりとしたアメリカン・ホップの香りと風味が素晴らしい。リアルエール・バージョンもあり人気が高い。

アメリカン・IPA アメリカ発祥：上面発酵

外観	金色〜濃い銅色
アロマ	ホップ・アロマが極めて強い。
フレーバー	アメリカ産のホップ・フレーバーと苦みが極めて強い。モルトのフレーバーが中程度。フルーティーなエステル香は穏やか〜激しいものまである。ミネラル分の多い水で仕込まれ、スッキリしたドライな味わい。
ボディ	ミディアム
アルコール度数	5〜7.5%
その他の特徴	低温白濁は可。

[代表的な銘柄・お薦めの1本]

アメリカン・IPA ブルックリン・IPA

ニューヨーク、ブルックリンのクラフトビール。ラガーの美味しさで有名なメーカーだがIPAも素晴らしい。ホップのアロマが実に芳《かぐわ》しく、グラスに鼻を近づけただけで幸せになる。もちろん飲むともっと幸せ。

アメリカン・アンバーエール アメリカ発祥：上面発酵

外観	薄い銅色〜明るい茶色
アロマ	アメリカ産のホップ・アロマが著しく際だっている。フルーティーなエステル香は微か。
フレーバー	アメリカ産のホップ・フレーバーと苦みが著しく際だっている。軽いカラメル香を伴ったモルト・フレーバーが微かに感じられるものから中程度のものまである。
ボディ	ミディアム
アルコール度数	4.5〜5.5%
その他の特徴	微かなダイアセチルが感じられるものもある。低温白濁がみられるものもある。瓶内二次発酵のものは、酵母のくすみが微量ある。

[代表的な銘柄・お薦めの1本]

アメリカン・アンバーエール サンクトガーレン・アンバー

ホップの苦みとカラメル・フレーバーがバランスよく融合している。どんな料理にも合う上質のビールだ。サンクトガーレンはビア・コンペでの入賞歴も多い。素晴らしいビールを提供してくれている。

ビールのキャラクターはホップ以外でもつけられる

醸造工程で麦やホップ以外に、果物や野菜、ハーブやスパイスなど特別な材料を使うビールである。果物の持つ糖や野菜の持つデンプンを糖化して発酵に使ったり、煮沸の段階で加え味を出したり、漬け込むことでキャラクターをつけたりする。煮沸時、一次発酵または二次発酵中に加えられることが多い。

よく使われるものは、チェリー、ラズベリー、クランベリー、ストロベリー、レモン、オレンジ、アプリコット、ココナッツやヘーゼルナッツなどのナッツ類、カボチャ、サツマイモ、コリアンダー、ミント、チリ（唐辛子）、コーヒー、メープルシロップなどである。

アロマやフレーバーの強弱はブルワーの裁量に任されているが、問題はバランスである。はやい話、「キャラクターを出しつつ、心地良い味にまとまっているかどうか？」ということだ。控えめすぎては意味ないが、やりすぎはもっと意味がないってことである。

なお、これらのビールは麦芽率が高くても（税金も高くても）日本の酒税法上は発泡酒扱いになる（詳しくは176ページ参照）。

日本にもフルーツ、ベジタブル、ハーブといったビールはあるんですか？

日本では地ビールメーカーが造ってるよ。愛媛県の梅錦ビールでは梅や伊予柑、新潟県の日本海夕陽ブルワリーではマスカットの美味しいビール（発泡酒）を造ってる。
梅錦ビールhttp://www.umenishiki.com/
日本海夕陽ブルワリー
http://www.yuhibeer.com/

フルーツビール

外観	使われる果物の色に準ずる。はっきりついていないものもある。
アロマ	使われる果物のアロマに準ずる。強弱は問われないがホップのアロマに負けない程度にはっきりしていて、なおかつバランスを崩さない範囲。
フレーバー	使われる果物のフレーバーに準ずる。強弱は問われないがホップのフレーバーに負けない程度にはっきりしていて、なおかつバランスを崩さない範囲。
ボディ	ライト～フル
アルコール度数	2.5～12%
その他の特徴	イースト以外の雑菌（果物についている場合が多い）による酢酸味は好ましくない。

[代表的な銘柄・お薦めの1本]

フルーツビール

藤原ヒロユキビール・柚子マーマエール

柚子《ゆず》100%の果汁と手作りの柚子マーマレードを麦芽100%の麦汁に加え、発酵させる。柚子の甘酸っぱさとマーマレードの甘い滑らかな口当たりが不思議なバランスを保っている。限定醸造なので、
http://kodawari.cc/html/fujiwara/fujiwara_top.html
をチェック！

ベジタブルビール

外観	使われる野菜の色に準ずる。はっきりついていないものもある。
アロマ	使われる野菜のアロマに準ずる。ホップ・アロマを抑え、バランスを崩さない範囲で野菜の特徴を強調しているものもある。
フレーバー	使われる野菜のフレーバーに準ずる。ホップの苦みを抑え、バランスを崩さない範囲で野菜の特徴を強調しているものもある。
ボディ	ライト～フル
アルコール度数	2.5～12%
その他の特徴	米、コーンを使ってもベジタブルビールとは言わない。

[代表的な銘柄・お薦めの1本]

ベジタブルビール

薩摩酒造さつま芋ビール・サツマパープル

紫芋《むらさきいも》を使った赤紫色のビール。泡も薄いピンク色で綺《き》麗《れい》だ。上品な香りと爽やかな飲み口のなかに紫芋のキャラクターが生かされている。さつま芋ビールには他にゴールドとブラックがある。
http://www.satsuma.co.jp/index2.htm

吟醸香に薫製香。不思議な香りがするビールだ

酒イーストビールは日本酒酵母または麹《こうじ》によって麦汁を発酵させたビールである。日本酒のように吟醸香がある。吟醸香は日本人にとっては華やかで豊かな芳香、欧米人には不思議なフルーティー・アロマやフレーバーとして人気が高い。

酒イーストビールの発祥は、もちろん日本である。ちなみにアメリカではSAKEをサキと発音する人が多い。CAKEはケーキ、NIKEはナイキとなるように最後のKEはケではなくキになるようだ。サキ・イースト・ビアってことだ。でも日本発祥のビールなんだから、できれば日本式にサケ・イースト・ビールって発音してほしいもんだね。

スモークビールは薫製モルトを使ったビールだ。発祥はドイツのバンベルグ。ブナで燻《いぶ》されるのが伝統でラオホ・スタイルと呼ばれている。

現在はサクラやリンゴやヒッコリーのチップを使ったスモークビールも造られている。他にも、ピートで燻されたモルトを使うビールがある。

スモークビールからはソーセージやハムのような薫製香が立ちのぼる。スモークサーモンやスモークチーズとの相性も抜群だ。

酒イーストビールは上面発酵ビール？
それとも下面発酵ビール？

どちらとも言えない。ビール酵母を併用する場合も上面でも下面酵母でもかまわないし。だから、このビールはハイブリッド発酵と分類されているよ。ラオホも上面、下面どちらの酵母を使ってもいいので同じだね。

酒イーストビール　日本発祥：ハイブリッド発酵

外観	麦わら色〜濃い茶色
アロマ	ホップ・アロマは微かなものから中程度まで。フルーティーな吟醸アロマが微かなものから中程度まで。
フレーバー	ホップ・フレーバーと苦みは微かなものから中程度まで。ローストモルトを使用したものは、吟醸香と調和したカラメル・フレーバーがある。フルーティーな吟醸フレーバーが微かなものから中程度までである。
ボディ	ミディアム〜フル。カーボネーションは高い。
アルコール度数	2.4〜7%
その他の特徴	ビール酵母を併用してもかまわない。その際の酵母は上面でも下面でも可。ダイアセチルは強すぎない程度にあるほうが望ましい。微量の低温白濁がみられるものもある。

[代表的な銘柄・お薦めの1本]

酒イーストビール

常陸野ネストビール・レッドライスエール

赤米を使った酒イーストビール。江戸時代から続く木内酒造・ネストビールならではの逸品だ。ベリーにも似た吟醸香とサクラを連想させるピンク色がアメリカでバカウケ。ジャパン・ビア・カップ2004で銅賞受賞。

http://kodawari.cc/

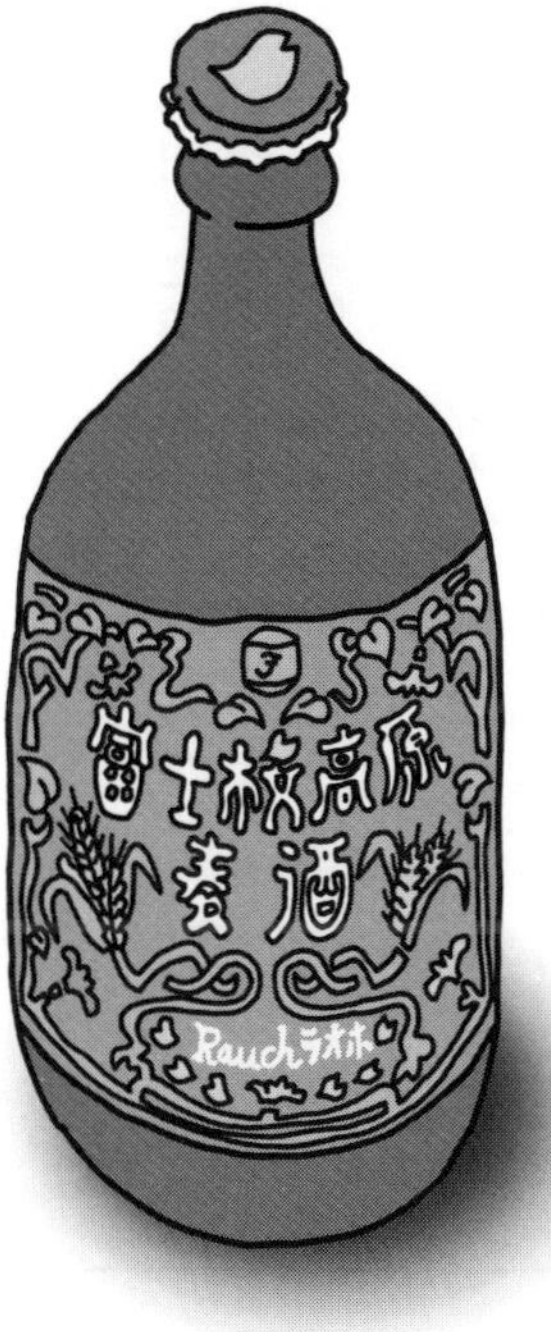

スモークビール　ドイツ発祥：ハイブリッド発酵

外観	明るい茶色〜黒
アロマ	上品なホップ・アロマがまったくないものから微かなものまで。フルーティーなエステル香は皆無。スモーキー・アロマ（燻煙香《くんえんこう》）がある。
フレーバー	上品なホップ・フレーバーが微かにある。ホップの苦みは僅《わず》かなものから中程度まで。フルーティーなエステル香は皆無。スモーキー・フレーバー（燻煙香）がある。ローストモルトの甘味がある。
ボディ	フル
アルコール度数	4.6〜5%
その他の特徴	モルトとホップとスモークのバランスが保たれている。

[代表的な銘柄・お薦めの1本]

スモークビール

富士桜高原麦酒・ラオホ

日本では珍しいラオホ・スタイル。このカテゴリーで常にコンペティション入賞をはたし続けているビールだ。薫製香がはっきりとしているが決して強すぎない。絶妙のバランスの素晴らしいビールである。

http://www.fuji-net.co.jp/SYLVANS/beer.html

COLUMN

黒ビールタイプって恥ずかしい？

よくビールの種類を「タイプ」なんて言うことがある。「これは黒ビールタイプです」なんてね。はっきり言ってこれは非常に素人っぽい。通常、ビアテイスターは種類を「スタイル」と呼んでいる。だから、今日からあなたも「タイプ」はやめて「スタイル」と言ってみよう。そのほーが通っぽい。

また、黒ビールって呼び方も素人臭い（黒ビールと呼べるのはシュバルツだけ。詳しくは26ページ参照）ので避けたほうがよい。色が黒いからといって、みな同じ特徴をしているわけではないからね。ギネスに代表されるスタウトは上面発酵で芳醇なエール。ケストリッツァーのようなシュバルツは下面発酵のシャープなラガーである。どちらも色は真っ黒だが、酵母も発酵温度も香りも味も違う。それらをひとまとめに「黒ビール」なんて言ってては恥ずかしいよ。今日からあなたも「黒ビール」はやめて「スタウト」とか「シュバルツ」ってちゃんと呼び分けよう。

とにかく「黒ビールタイプ」って言葉は究極のダブル素人臭さってことになるから避けたい言葉だな。おっと恥ずかしい。

第3章

ビールって何からできてるの？　どーやって造るの？

ビールは麦とホップと水とイーストからできるお酒だ。他に副原料やスパイスやフルーツといったものを使う場合もあるよ。

麦は大麦が基本で小麦やオート麦、ライ麦なども使われる。一部の例外を除き麦はモルト（麦芽）にして使われるよ。ホップ、水も重要な原材料だ。また、イーストがないと発酵も始まらず、ビールはできないね。

ビール造りの方法を知ると、そのビールの持つ味や香りや色といったキャラクターがいっそう理解できるようになるんだ。

モルトの個性がビールのキャラクターになる

ビールの原料の一つであり、最も重要なのがモルトだ。モルトってどんなものなのか？

簡単に言っちゃうと「発芽した麦を乾燥させたもの」である。まず、麦に水を与え発芽を始めさせる。発芽と言っても芽が殻を突き破って伸びていくわけではない。殻の中で芽になる部分がニョニョッと育ち始める程度だ。しかし、このまま放っておくと麦が苗になっちゃうんで、この成長を止める必要がある。そのために熱を加える。

麦は発芽することにより、酵素を作る。この酵素は、糖化（86ページ参照）の時にデンプンを糖に変えるために必要となってくる。人間はこれを利用して酒を造ろうというわけだ。上手《うま》いこと考えたなぁ。また、発芽に伴いデンプン同士を固めているタンパク質も溶解させる。タンパク質は糖化の邪魔になったりビールを濁らせるので一石二鳥だ。

モルトは乾燥させる時の熱の加え方で違いが出る。低温で焙燥したモルトは色が薄く、高温で焙焦されたモルトは濃いって具合にね。色だけでなく、香ばしさや焦げた苦味といった個性もそれぞれつくことになる。そしてそのキャラクターがビールの特徴の一部になっていくわけだ。

黒いビールは黒く焦がしたモルトで造るんですか？

フルーツビールなど一部の例外を除き、ビールの色はモルトの色で決まると言いきっていい。黒いビールを造りたければ黒いモルトを使う。

しかし、どんなに真っ黒なビールでもその大半は淡色のモルトをベースに使って造る。濃色系のモルトは全体の1〜10%程度にすぎない。それで充分、色がつく。黒いビールは黒い麦芽だけで造られていると思っている人が多いようだが、それは間違いだ。

（主なモルトの種類）

どんなモルトを使うかで、ビールの色や味わいに個性が生まれる。
〝好みのビール〟は〝好みのモルト〟だったりして。
モルトを知ることも、好きなビールを探す手がかりになる。

ペールモルト

低温で時間をかけて乾かしたモルト。ペールエールやラガーを造る時に使う。また、それ以外のビールのベースになる。

ウィンナーモルト

ペールモルトよりやや高温で乾かす。ビールに赤みがかった色とナッツのような香ばしさをつける。

カラメルモルト

クリスタルモルトの一つ。麦芽に水を含ませてから乾燥させる。ビールに甘味をつける。

チョコレートモルト

チョコレートのような色。香ばしくナッツのような風味をつける。チョコレートが入っているわけではない。

ブラックモルト

高温で焦がしながら作られる。スモーク臭がつくものもある。

ウィートモルト

小麦モルト。タンパク質の含有量が多いためビールを白濁させる。ビールの泡もちはよくなる。

ローストバーレイ

麦芽化していない大麦を直接焦がしたもの。焦げのような苦味が出る。

ホップには防腐効果や消化促進、安眠効果もある

ホップはツル性の植物。多年生で10ｍ近く成長する。雌株と雄株があり、雌株は成長すると松かさのような花をつける。この花は毬花と呼ばれ、その中にあるルプリンという黄色い小さな粒がビールに苦味と香りをつけるのだ。

また、ホップには防腐効果もある。さらに食欲増進、消化促進、催眠といった効果もある。食前酒や寝酒にビールはもってこいってことだ。

現在では、「ビールにホップが入っているのが当たり前」と思われているが、いつ頃からビールに使われだしたかはわかっていない。ビール発祥の頃は、さまざまなスパイスや薬草がビールに使われていたらしく、その一つがホップにすぎなかったってことだ。

それが「やっぱビールにはホップが合うでしょー」となり、今や「ビール＝《イコール》ホップ」となった。その苦味がモルトの甘味と絶妙のバランスであったことや防腐効果がホップの定着した理由だろう。ホップ園の記録は7、8世紀あたりから文献に残されているので、たぶんその頃と考えられている。抜群の組み合わせを見つけてくれてありがとうって感じだね。

風呂敷の柄で有名な唐草模様ってホップがモデルって本当ですか？

これはビール好きの私の私見だが、唐草模様の一部はホップがデザイン化されたものだと思う。っていうか、これは「そーあって欲しい」って願望かな？　というのも、以前に松かさのような花がついた唐草模様を見たことがあり、「あっ、これホップじゃないか」と思ったんだ。葉っぱはホップよりやや細長い気もするが、ツルの形態はまさに「そっくり！」と思うのだが……。唐草模様にもさまざまなパターンがあるので、ホップがモデルのものもあるに違いないね。

（主なホップの種類）

ホップは生まれ故郷によって個性がある。
苦みの強弱はもちろん香りに大きな違いがある。
どれを選ぶかでビールのキャラクターが変わる。

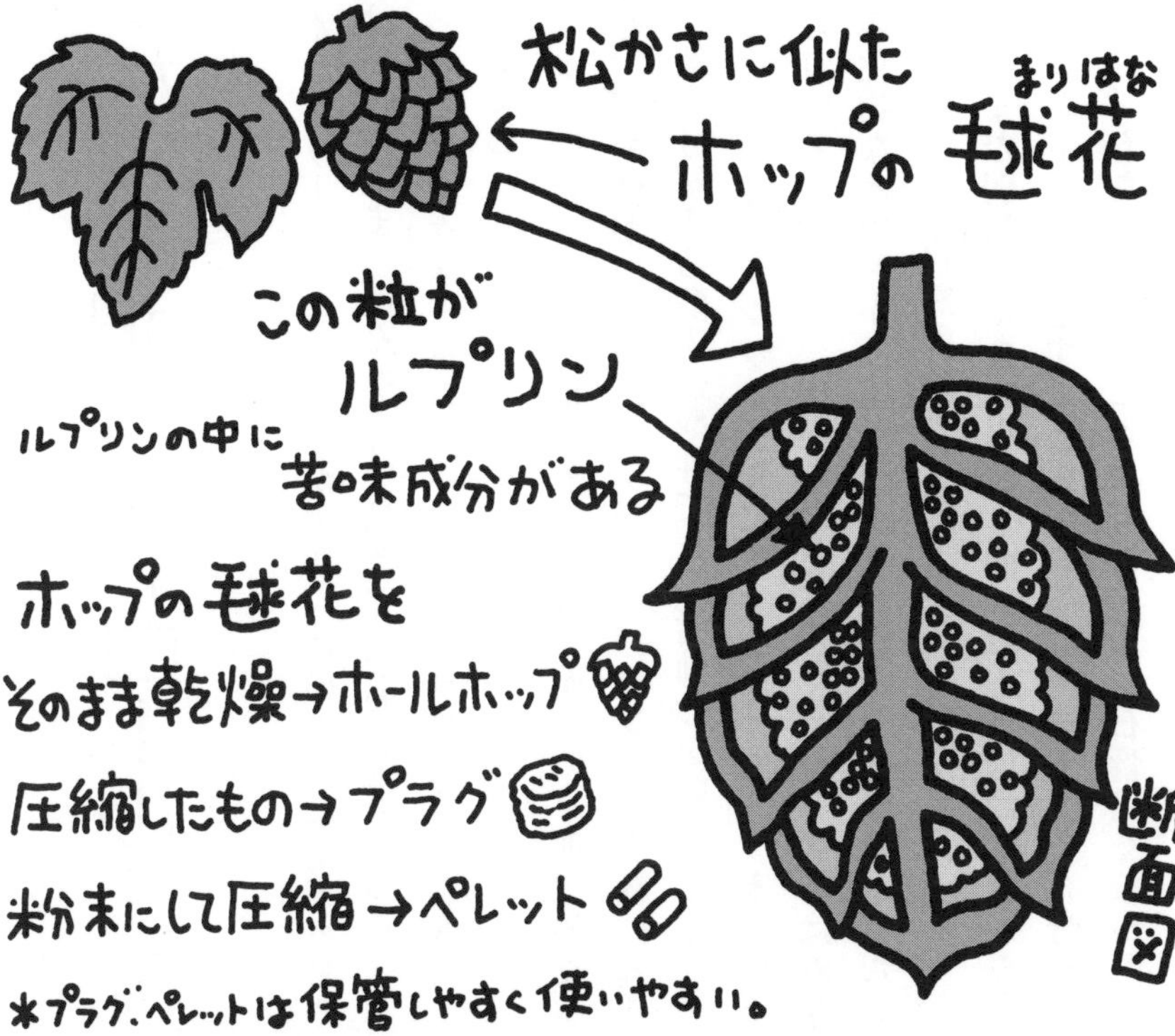
松かさに似た
ホップの毬花《まりはな》
この粒が
ルプリン
ルプリンの中に
苦味成分がある
ホップの毬花を
そのまま乾燥→ホールホップ
圧縮したもの→プラグ
粉末にして圧縮→ペレット
断面図
＊プラグ・ペレットは保管しやすく使いやすい。

英国産	ケント・ゴールディングス、ファグル	ハーブ、紅茶、刈り草のような香り	イングリッシュ・ペールエール、ポーターなど
ドイツ、チェコ産	ハラタウ、テトナング、ザーツ	スパイシーな香り	ジャーマン・ピルスナー、シュバルツなど
アメリカ産	キャスケード、ウィラメット	柑橘系、フローラルな香り	アメリカン・ペールエール、アンバーエールなど

クリーンな水とpHコントロールが旨いビールを造る

ビールを造る水はクリーンであることが大切。汚染された水、カビや錆《さび》が混じった水はNGだ。ま、こんな水は普通に飲むのも嫌だけどね。

さらに、カルシウムやマグネシウムといったミネラル成分が適度に含まれていることが望ましい。

また、マッシング（糖化）時は、やや酸性のほうがいい。理想的なpHは5.2～5.4だ。なぜ、弱酸性がいいのか？ それは、デンプンを糖に変える酵素やタンパク質を分解する酵素が酸性でしか活動しないからである。つまり弱酸性でないと麦芽のデンプンを糖にできなかったり、麦汁にタンパク質が残ったりするのである。幸いなことに、マッシング時は麦芽から抽出される塩化物などのおかげで、pHが下がるので中性の水でちょうどよくなるケースが多い。自然の摂理って上手くできてるね。

しかし、それでもまだ弱酸性でない場合（pH5.5以上）は硫酸カルシウムなどを入れてpHコントロールをする必要がある。チョークや石膏を入れちゃうってことだ。もちろんそれによってビールが石膏臭くなったり酸っぱくなったりすることはない。安心めされ。

硬水、軟水のどちらが美味しいビールになりますか？

どちらも美味しいビールになるよ。ペールエールは発祥の地バートン・オン・トレントの水が硬水だったから豊かなフレーバーを得たし、ピルスナーはピルゼンの水が軟水だったためスッキリ爽やかに出来上がった。ただし、炭酸塩が多く硫酸塩の少ない硬水はpHが高いのでビール造りには不向きだな。

…（水の違いはビールにどう影響するのか）…

ビールは硬水でも軟水でも造ることができる。
水の個性はビールの個性にも繋がるので大変重要だ。

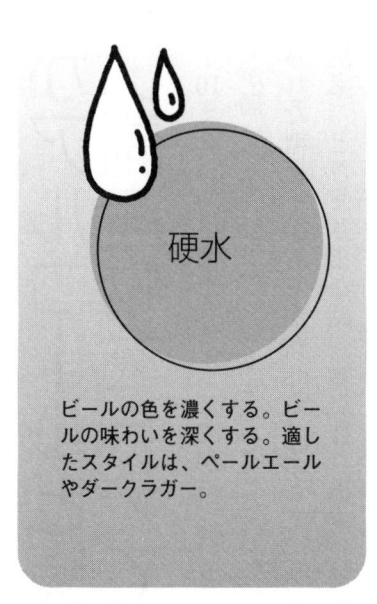

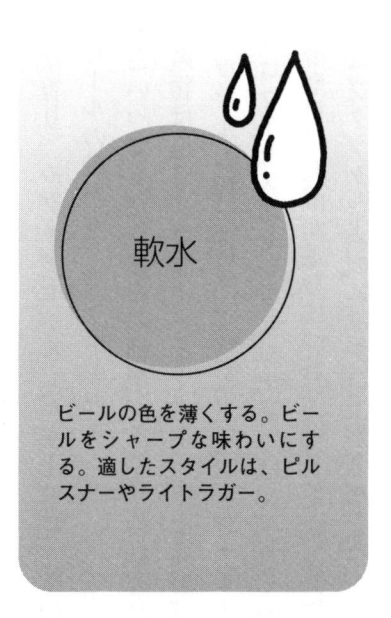

ビールの色を濃くする。ビールの味わいを深くする。適したスタイルは、ペールエールやダークラガー。

ビールの色を薄くする。ビールをシャープな味わいにする。適したスタイルは、ピルスナーやライトラガー。

ミネラル分は適度に含まれていたほうがよい

カルシウム不足 →	ビールの透明度が悪い
マグネシウム、亜鉛、銅不足 →	酵母の増殖が進みにくい
ナトリウム不足 →	味に深みがでない
硫酸塩不足 →	ホップの不快な苦味が出る

イーストがアルコールと炭酸と素晴らしい副産物を与えてくれる

イーストは直径が5～10ミクロンの菌だ。イーストがいないとビールはできないぞ。イーストが働いてくれるからビールができるのだ。

麦のデンプンから作られた糖をイーストが食べる。そして、アルコールと炭酸ガス（二酸化炭素）とさまざまな副産物を作り出す。アルコールが心地良い酔いを、二酸化炭素が爽やかな飲み口を、副産物がさまざまなフレーバーを私達に与えてくれるのだ。副産物のエステル（バナナにも似たフルーティーな香り）やダイアセチル（バタースコッチのような甘いフレーバー）はビールの魅力の一つでもある。

もちろん、イーストといってもたくさんの種類があり、それぞれ活動の温度帯や生み出す副産物は違う。ラガー・イースト（下面発酵酵母：サッカロマイセス属ウヴァルム種）は4～10℃で、エール・イースト（上面発酵酵母：サッカロマイセス属セレヴィジア種）は16～21℃の温度帯で活動する。下面発酵酵母は発酵が進むにつれ発酵タンクの底に沈み、上面発酵酵母は発酵中にブクブクと表面に浮かび上がり層をなすという性質なのでこんな名前がついたんだ。名は体を表すってことだね。

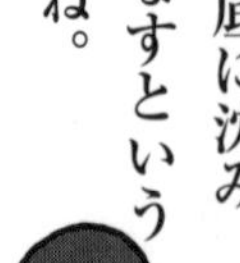

上面発酵と下面発酵の歴史は？

ビールはメソポタミアで紀元前6000年頃に生まれた。初めは、自然に浮遊していた野生酵母によって偶然にビールができた。

その後、経験的技術により酵母は管理されていく。管理というと大袈裟《おおげさ》だが、麦汁を搔《か》き混ぜる木製の櫂《かい》や蔵に住みついた酵母を培養することにより上面発酵のビールが安定的に造られるようになったんだ。

そして、その中から低温で活動できる下面発酵酵母が発見された。15世紀のことである。紀元前6000年からするとものすごく最近のことなんだ。

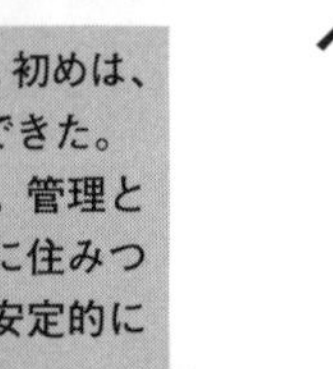

ビール酵母によってそれぞれ違った特徴が生まれる

主なビール酵母はこの2種類のどちらかに属する

酵母	エール・イースト（上面発酵酵母）	ラガー・イースト（下面発酵酵母）
造られるビール	エール	ラガー
発酵温度	16～21℃	4～10℃
発酵時間	短い（3～6日）	長い（6～10日）
特徴	副産物が多い。フルーティーな香り（エステル）が豊か。奥深い味わい。	副産物が少ない。フルーティーな香りはない。シャープな飲み口。

※数値は一次発酵における平均的なもの。例外もある。

自然発酵のビールを味わってみない？

ビールの発酵は、上面発酵と下面発酵が基本だが、他にも2種類ある。まー、大雑把に言っちゃうとそれらもどちらかに入れ込んじゃうことができるんだがね。犬と狼、豚と猪の違いみたいなものか？　覚えておいて損はないんで、聞いておいて欲しい。

まずは自然発酵ビール。これは培養管理されていない野生の酵母を使った発酵である。ビールの原型に近い。この発酵をもちいて恒常的に商品として流通させているのはベルギーのランビックというビールだけである。それも、ブリュッセル郊外のゼナ川周辺だけで造られている。蓋《ふた》のない槽に麦汁を入れたまま放置し、空中を浮遊する野生酵母を自然に取り込んで発酵させる。自然の神秘を感じるね。

もう一つはハイブリッド・ビール。ラガー酵母をエール酵母並みの高温で発酵させたり、エール酵母とラガー酵母を併用する方法だ。エールのフルーティーさとラガーのシャープさを併せ持ったまさに「いいとこ取り」ビールである。また、日本酒酵母を使ったり、エールとラガーをブレンドしたビールもハイブリッド・ビールと呼ばれているよ。

発酵と腐敗はどう違うんですか？

辞書で調べると、発酵は「酵母の作用で化合物が分解してアルコールや有機酸や炭酸ガスが生じること」と出ている。それに対して腐敗は「有機物が微生物の作用で分解し、悪臭を放つまでになった変化」となっている。しかし、この「有機酸」を心地良いフレーバーと感じ、腐敗の「悪臭」をクサイと感じるのは人間の勝手なんじゃないかな？　腐敗のニオイもハエにとっては心地良いニオイなんじゃない？　つきつめると、発酵は人の役に立ち、腐敗は役に立たない変化ってことかもしれないね。

通常の上面発酵や下面発酵以外で造られるビール

自然発酵ビール

ランビック
（ベルギーで造られる小麦ビール。空中に浮遊している野生酵母で造る）

- **グーズ**
（若いランビックと熟成したランビックをブレンドしたもの）
- **クリーク**
（ランビックにサクランボを漬け二次発酵させたもの）
- **フランボワーズ**
（ランビックにラズベリーを漬けたもの）
- **ファロ**
（ランビックに砂糖を加えたもの）

ハイブリッド・ビール

酵母の種類は上面発酵酵母のものも下面発酵酵母のものもある

ハニーエール（ハチミツが使われたビール）

ハーブビール（ハーブを使ったビール）

ラオホ・ビール（スモーク麦芽を使ったビール）

ビール酵母以外の酵母の助けを借りたもの

酒イーストビール（日本酒酵母、麹を使ったビール）

酵母の発酵温度を変えたもの

カリフォルニア・コモンビール
（別名スティームビール。ラガー・イーストを高温で発酵させたビール）

9つのステップ、すべてに愛が注がれる

簡単に説明すると、ビールは次のような工程で造られる。

1 麦を麦芽にする。Malt《モルト》
2 麦芽を破砕《はさい》する。Milling《ミリング》
3 破砕した麦芽にぬるま湯を加え粥《かゆ》状にし、デンプンを糖に変える。Mashing《マッシング》
4 粥から麦汁を漉《こ》し取る。Sparging《スパージング》
5 麦汁を煮沸しながらホップを加える。Boiling《ボイリング》, Hopping《ホッピング》
6 麦汁を冷却して酵母を加える。Cooling《クーリング》（Chilling《チリング》）, Yeast Pitch《イースト・ピッチ》
7 発酵させる。Fermentation《ファーメンテーション》
8 熟成させる。Lagering《ラガーリング》
9 容器に詰める。Racking《ラッキング》

それぞれの工程のさらに詳しい作業は後のページで解説するが、まずは単純な原理を頭に入れて欲しい。それは「ビールは麦のデンプンを糖に変えて、イーストの働きによってアルコールと炭酸ガスを造る」ということである。

ワインの発酵とビールの発酵はどう違うの？

アルコールを造るには糖分が必要だ。これがイーストの餌になって、アルコールと炭酸ガスが発生する。ワインの原料であるブドウはすでに糖分を持っているので潰《つぶ》せばよい。が、ビールの原料である麦や日本酒の原料である米は糖ではなくデンプンなので、そのままではイースト（酵母）を加えても発酵は始まらない。ワインとビールの醸造工程の最も大きな違いは「糖化」という工程だ。さらに、煮沸やホップの添加といった工程も違う点だね。

ビールのできるまで

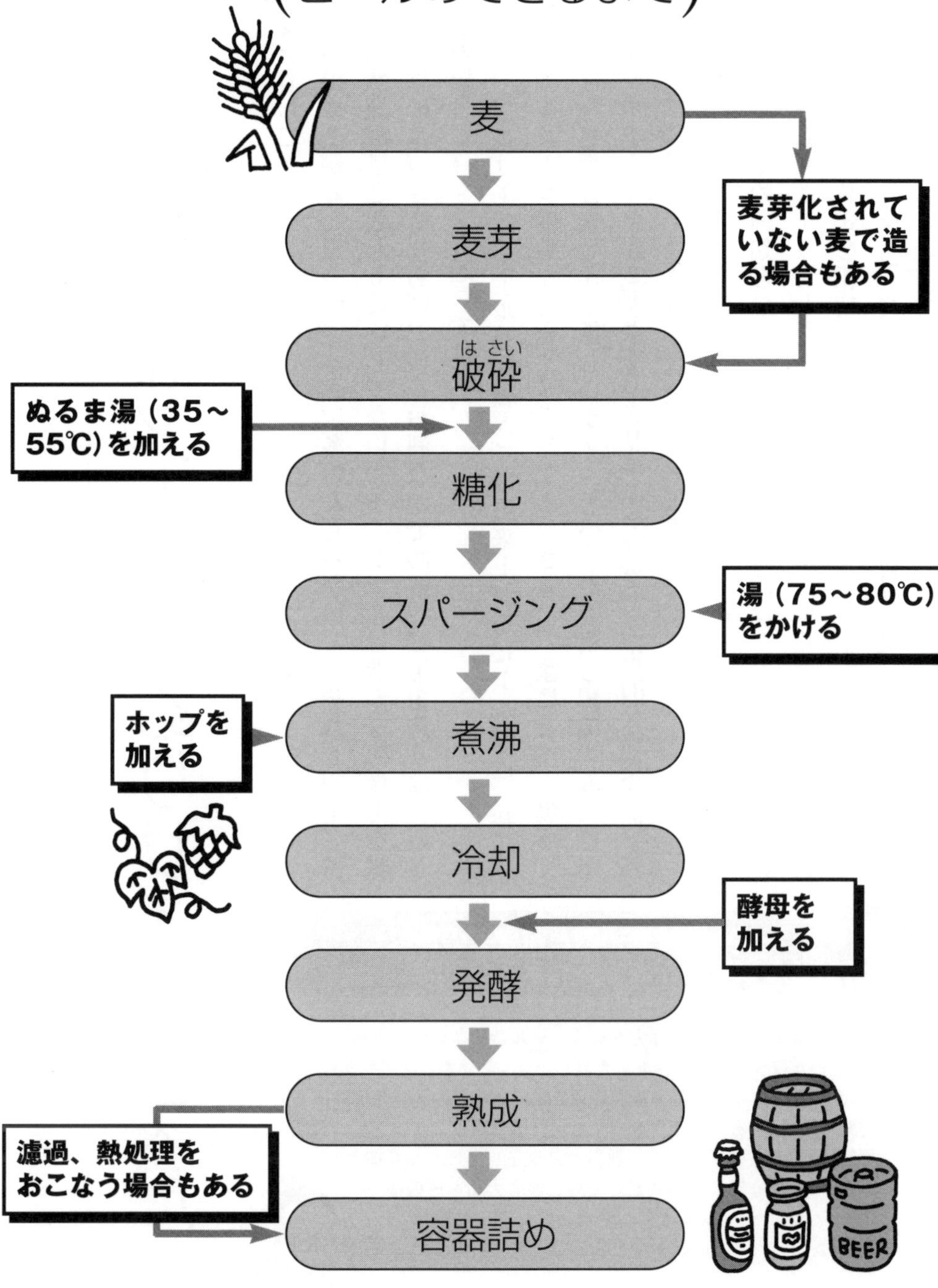
麦
麦芽化されていない麦で造る場合もある
麦芽
破砕《はさい》
ぬるま湯（35〜55℃）を加える
糖化
スパージング
湯（75〜80℃）をかける
ホップを加える
煮沸
冷却
酵母を加える
発酵
熟成
濾過、熱処理をおこなう場合もある
容器詰め
BEER

ブルワー（ビール職人）

ビール造りはアートでありサイエンスだ

麦を潰《つぶ》してグジャグジャにしておけば、自然にブクブクと発酵してビールが出来上がると思っている人、多いんじゃない？　それじゃー、古代の自然発酵酒と変わりないじゃないのぉ。ビールは豊かな想像力を緻《ち》密《みっ》な計算に基づき造りあげていくお酒なのである。ビール造りは芸術と科学の融合と言っても過言ではない。

まず、ブルワー（ビール造り職人）は出来上がるビールの色、苦味、甘味、アルコール度数などをイメージする。さらに、誰にどんな場所でどのような料理と楽しんで欲しいか？　といった要素も想像する。豊かなイマジネーションを必要とするクリエイティブで芸術的な作業である。ブルワーにはアーティストとしての感性が求められる。

そして、そのビールを完成させるためには、どのモルトを何グラム使うか？　ホップの種類と量は？　糖化温度と時間は？　といった細かい数字を計算しキッチリとしたレシピを組み立てていく。これは、科学に基づいた複雑な数式を駆使した作業である。ブルワーには科学者としての知識が求められる。ブルワーは芸術家であり科学者だ。

ブルワーには芸術家と科学者の他にどんな才能が求められますか？

まずは健康。そして体力かな。ビール造りは重たいモルトの袋を担いだりタンクの洗浄をしたり、かなりの体力が必要だからね。また、さまざまな道具や機械を使うのでそれらのメンテナンスや修理の知識もあったほうがイイね。計量や温度、時間管理は繊細で几帳面さも要求される。新しいスタイルのビールを造る場合などは好奇心も必要だ。でも、最も大切なものは愛情だね。ビールに対する愛情、飲む人への愛情。愛情がなければよいビールを造ることはできないよ。

Artist
Scientist
BEER
Pale Ale
STOUT
Alt
PORTE
Brewer

モルト、ミリング、糖化（マッシング）

正確な温度管理が必要。センシティブな作業だ

ビールを造るためには麦芽が必要である。

麦芽の作り方は、麦を水に40～60時間漬け、発芽床に広げ4～7日かけて発芽させたあと、温風で乾燥させる。クリスタルモルト（カラメルモルト）の場合はここで蒸し煮にしてデンプンの一部を糖に変える。このモルトを使ったビールは甘味があるぞ。

乾燥した麦芽を低温焙燥（85～100℃）すると淡色モルト、高温（160～220℃）だと濃色モルトや黒色モルトになる。ビールの色はモルトの色に比例する。濃い色のモルトを使うと濃い色のビールができるのだ。

麦芽は破砕《はさい》（ミリング）される。ここで注意することは粉々にしてしまってはダメだってこと。粗挽《あらび》きにすること！　理由は、麦汁を漉す時に麦芽の殻を自然のフィルターにするためである。

粗挽きにした麦芽にお湯を加え、粥を作る。この粥を酵素の働きやすい温度（62～70℃）に保つと、デンプンが糖に変化する。この工程を糖化（マッシング）と呼ぶ。温度と時間によって糖の出来上がりも変わり、仕上がるビールの味も変わってくる。神経を使う作業だ。

インフュージョンマッシング、デコクションマッシングって何？

マッシングの方法だ。インフュージョンは一つの糖化槽を使って一定の温度に保つ糖化法で、デコクションは糖化槽から麦汁の一部を糖化釜に取りだし煮沸してまた戻すという複雑な方法。さらに細かく説明すると工程の回数によってワンステップインフュージョンとツーステップインフュージョン、ワンデコクションとツーデコクションとスリーデコクションとに分かれている。

糖化（マッシング）の3パターン

ワンステップ インフュージョン マッシング

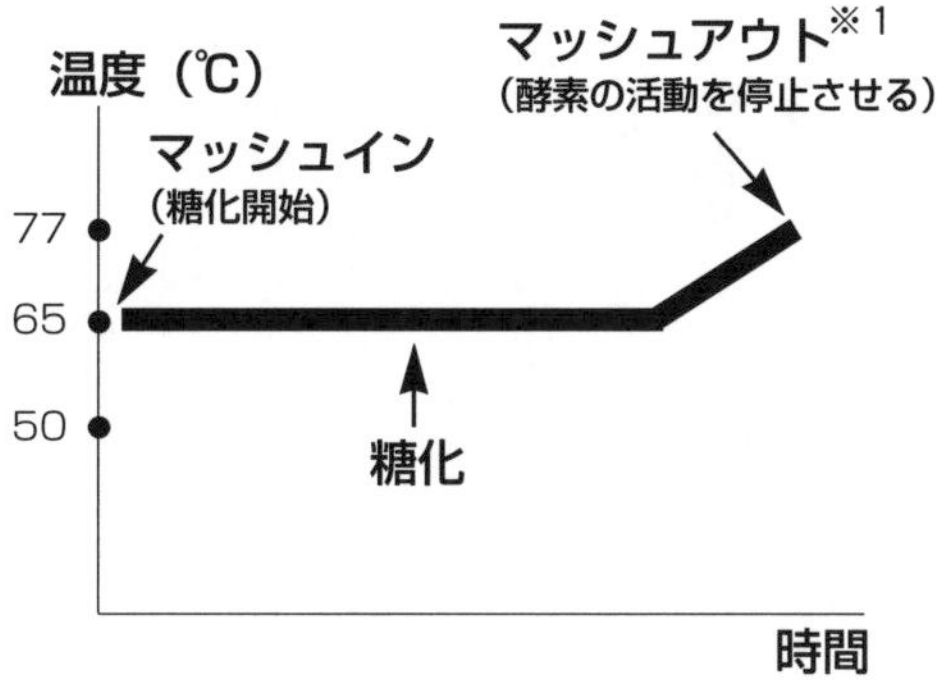

温度を変えることなく一定にして糖化する方法。低い温度でおこなうとハイアルコールビール、高い温度でおこなうとフルボディのビールができる。

ツーステップ インフュージョン マッシング

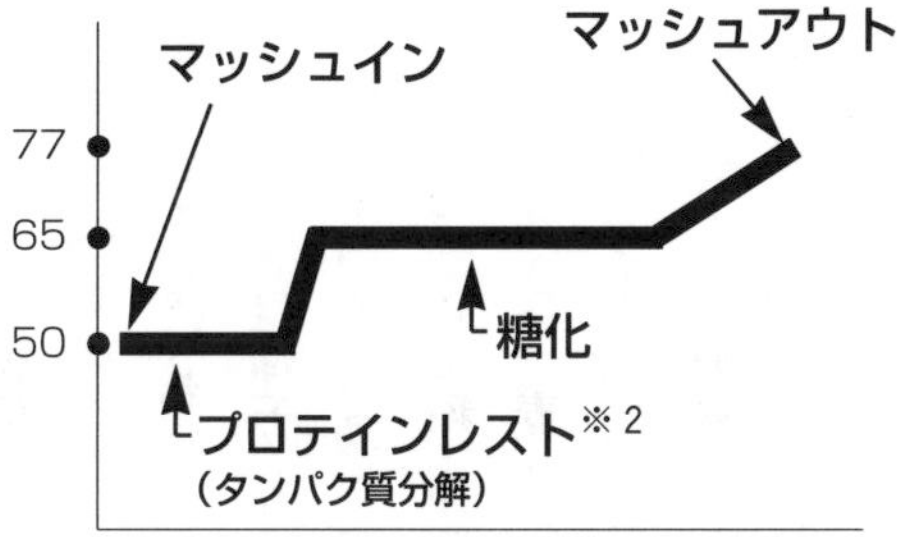

途中で温度変化させる糖化方法。酵素によって働く温度帯が違うことを利用する。タンパク質が分解され、濁りの少ないビールができる。

ツー デコクション マッシング

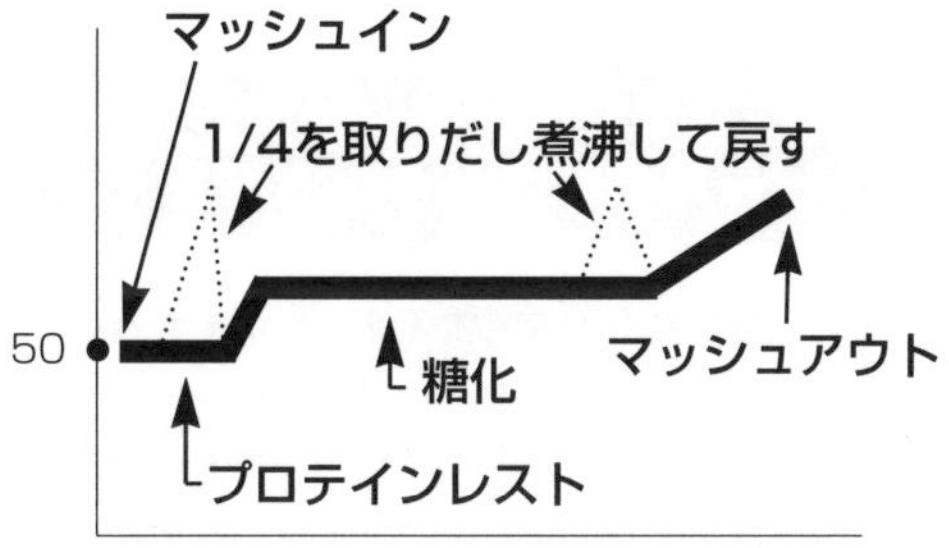

糖化中に糖化液の一部を取りだし煮沸し、また戻すことによって温度を上昇させる糖化方法。

※1　77℃で酵素の活動を止める
※2　タンパク質はビールを濁らせる

糖化酵素αくんとβくんの微妙な関係

ちょっと難しい話です。でも、かなり蘊蓄《うんちく》っぽいんで覚えておくと威張れるよ。学生時代に化学が苦手だった人にはかなりツライかも。って私のこと？　高校での化学の成績は5段階評価で2でしたから……。

デンプンはグルコースという糖が連なってできている。イーストは口が小さい（？）のでこの連なりが4つ以上あると食べることができない。連なりをプチプチと切ってやらなければビールはできないわけだ。

これを切る酵素がαアミラーゼとβアミラーゼ。αは連なりを途中からバッサバッサと切っていくがβは隅から千切《ちぎ》っていく。効率のよい作業は、αがバンバン切って隅をたくさん作り、そこからβが微塵切《みじんぎ》りにしていく方法だ。共同作業で素早くデンプンを糖に変えていく。

しかし、悲しいかな2人（？）の活動しやすい温度帯が微妙に違う。βくんのほうが温度域がやや狭いのだ。2人が折り合う温度が62～65℃あたり。ということは70℃ぐらいのマッシングだとβくんが働きづらいので、酵母が食べられない大きな糖が麦汁に残ることとなる。結果的にビールに糖が残り、甘くフルボディのビールができることとなる。

62℃より低いマッシングだと
ビールの味はどうなるの？

60℃ぐらいなら、発酵性の高い糖ができるのでライトボディのドライなビールになるよ。しかし、さらに下の温度帯、たとえば55℃以下なんかになっちゃうとαアミラーゼもβアミラーゼもあまり働かないんで、糖化は進まない。ものすごく時間がかかる、もしくは糖化しない。時間がかかるということは酸化のリスクも高くなるのでよいことではない。また、間違った温度でのマッシングはオフフレーバー（あってはならない香りや味）の原因にもなる。いいことなしだ。

デンプンは、

糖
糖
糖
糖
糖

⬆ **糖が繋がってできている**

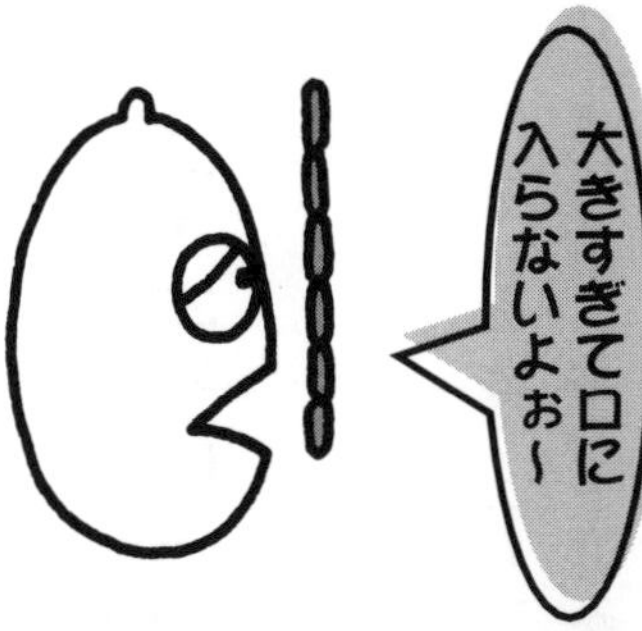
大きすぎて口に
入らないよぉ~

繋がりかたの違いによる糖の名前
1つ：グルコース（ブドウ糖）
2つ：マルトース（麦芽糖）
3つ：マルトトリオース（麦芽三炭糖）
これらの糖はイーストが分解して
アルコールにすることができる。

糖が4つ以上だと
イーストくんは
食べることができない

α
β

αアミラーゼくんと
βアミラーゼくんが
デンプンの繋がりを
切ってくれる

2人の仕事の仕方はちょっと違う

どっからでも切るぞ
α
β
隅っこから切るぞ

スパージングで麦のエキスをしっかりと漉し取る

糖化が進んだら、充分に糖が出来上がったかどうか、ヨウ素チェックする。糖が少ないとアルコールも炭酸ガスもできないからね。美味しいビールができないよ。糖化槽の中の粥の上澄みをチョロッと取り、ヨウ素液を加える。紫色になったら？　まだデンプンが残ってるってこと。もう少し糖化を続ける。もし色が変わらなければ糖ができたってこと。温度を77℃に上げてマッシュアウト（酵素の働きを止める）する。

次に、糖化槽の底の栓を開いて麦汁を漉すのだが、まずは麦芽の殻で自然のフィルターを作る必要がある。このために底から麦汁を抜いて上からそっと注ぐという循環作業を繰り返す。しばらくすると麦殻の層ができて麦汁が澄んでくるはずだ。クリアーなビールに一歩近づいた。

そしたら、いよいよ麦汁の移動だ。底から麦汁を抜き、煮沸釜に移す。この作業をトランスファーという。麦汁が減りだしたら、上から75～80℃のお湯のシャワーをかける（熱すぎるとビールが渋くなってしまう）。この作業をスパージングという。スパージングの目的は麦殻層に残ったエキスをしっかりと漉し取ることだ。

一番麦汁が美味しいんですか？

漉し始めた時に出る麦汁を一番麦汁、スパージング後を二番麦汁と呼ぶ。一番は二番に比べ糖度が高い。だから、甘い。甘いものが好きな人には「美味しい」と感じるだろう。ちなみに僕はこの麦汁を飲むのが大好きだ。まさに麦のジュースって感じがする。しかし、残された麦芽の粥にもビール造りに必要なエキスがいっぱい残っている。二番麦汁には二番麦汁のよさがあるのだ。って言うか、一番麦汁だけだと糖度が高すぎ、やたらハイアルコールのビールになるよ。

····(糖化が終わったら、ヨウ素チェック)····

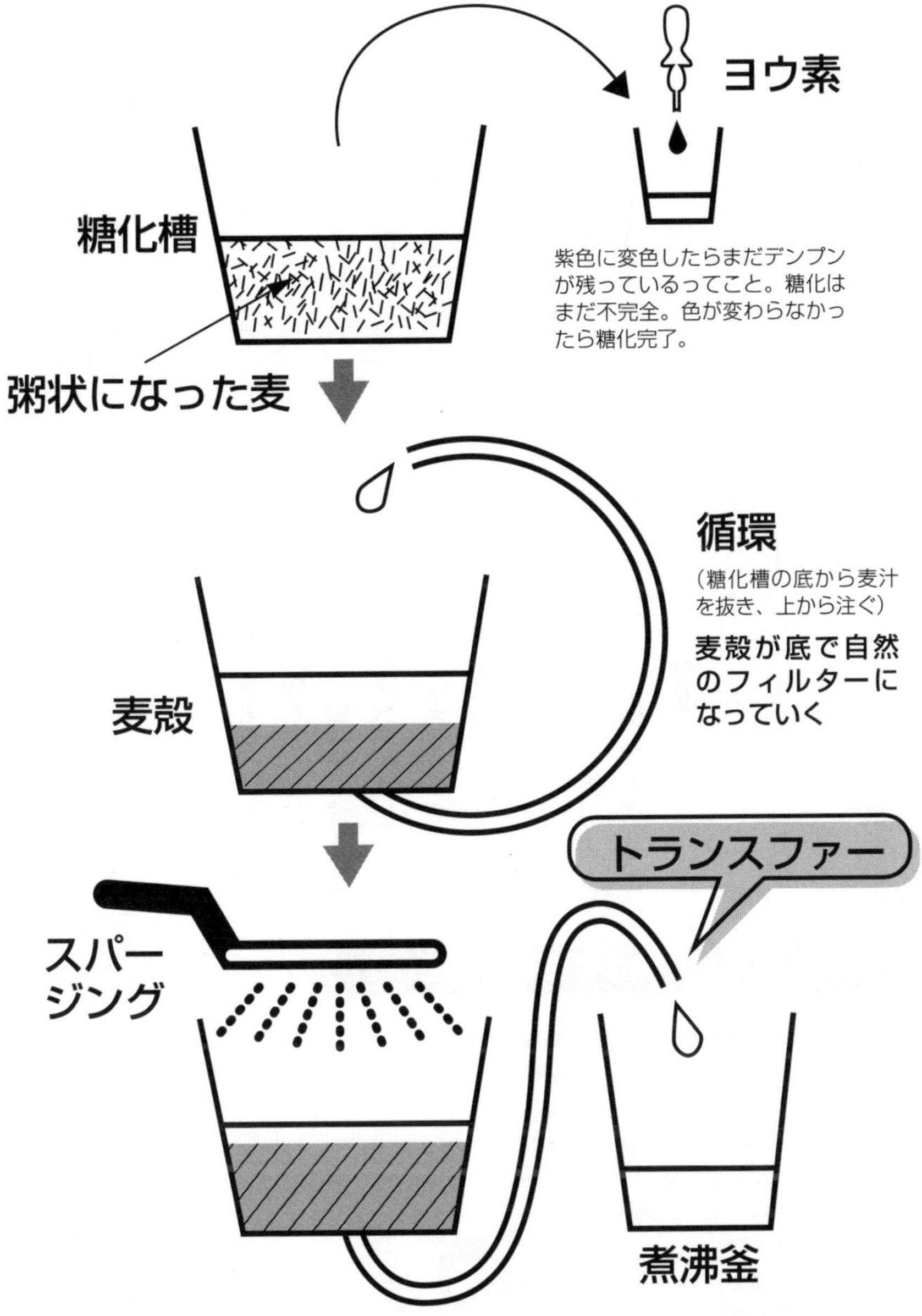
ヨウ素
糖化槽
紫色に変色したらまだデンプンが残っているってこと。糖化はまだ不完全。色が変わらなかったら糖化完了。
粥状になった麦
循環
(糖化槽の底から麦汁を抜き、上から注ぐ)
麦殻が底で自然のフィルターになっていく
麦殻
トランスファー
スパージング
煮沸釜

発酵前後の糖度がアルコール度数やボディを決める

ビールは麦汁内の糖分がイーストによってアルコールと炭酸ガスに分解されて出来上がる。ってことはイーストが分解できる糖分の量によってアルコールの量が決まるわけだ。簡単に言っちゃうと（複雑に言うとイーストの発酵度や糖の種類も影響してくるのだが）糖分が多いとそれだけ多くのアルコールができるし、少ないとアルコールはあまりできないってことだ。アルコール度数は麦汁の糖度によって決定づけられる。

ブルワーは、造りたいビールのアルコール度数に合わせて、麦汁の糖度を設定する。糖度は比重で表され、発酵前の初期比重（ＯＧ：オリジナル・グラヴィティ）と発酵後の最終比重（ＦＧ：ファイナル・グラヴィティ）は特に重要だ。その差が大きいほどアルコール度数が高くなる。イーストがしっかり糖を分解してるってことだからね。

また、最終比重が高いビールは糖がビールの中に残っているわけだから、それだけまったりとしてフルボディのビールってことになる。

これらの比重は水を1とした数字で表される。ブルワーは煮沸前に糖度をチェックして、予定通りの数値になっているか確認する。

比重ってどーやって測るんですか？

比重計か比重測定スコープで測るよ。ってそれじゃー説明になってないね。比重計は化学の実験で使わなかった？　釣りの浮きみたいなガラス製で、目盛りがついている。シリンダーに入れた麦汁に浮かべて測るんだ。スコープは麦汁を薄く塗って覗《のぞ》いてやると数値の目盛りの色が変わってるからすぐわかるよ。

主なビールスタイルの OGとFGとアルコール度数

OG（オリジナル・グラヴィティ：発酵が始まる前の麦汁糖度）
FG（ファイナル・グラヴィティ：発酵が終わった時の麦汁糖度）

＊水を1としたときの比重で表す。

ビールスタイル	OG	FG	アルコール度数
ライトラガー	1.024〜1.040	1.002〜1.008	3.5〜4.4%
ピルスナー（ボヘミアン）	1.044〜1.056	1.014〜1.020	4〜5%
ボック	1.066〜1.074	1.018〜1.024	6〜7.5%
ランビック（グーズ）	1.044〜1.056	1.000〜1.010	5〜6%
イングリッシュ・ペールエール	1.044〜1.056	1.008〜1.016	4.5〜5.5%
スコッチ・エール	1.072〜1.085	1.016〜1.028	6.2〜8%
バーレイワイン	1.090〜1.120	1.024〜1.032	8.4〜12%
ヴァイツェン	1.047〜1.056	1.008〜1.016	4.9〜5.5%
スタウト	1.038〜1.048	1.008〜1.014	3.8〜5%

ここらへんが日本の大手ビール

OGとFGの差が大きいとアルコール度数が高いビールができる。
FGが高いと甘味のあるビールができる。

ホップ投入のタイミングこそアーティストの見せ場

さて、いよいよ麦汁の最終段階である煮沸だ。煮沸釜と呼ばれる釜でボコボコと煮るのである。

なぜ煮るか？ まずは殺菌のため。そして、ホップのキャラクターを麦汁につけるためである。煮沸時間はビールの種類によって変わるが、1時間〜1時間半煮る。

この間に、ホップは2回ないし3回に分けて投入される。なぜ一度に入れないのか？ ホップの香り成分は煮ちゃうと飛んじゃうからだ。煮沸初期の段階で苦味をつけるためのホップを入れ、終了間際に香りづけのためのホップを入れるのである。ホップの香りがはっきりしたビールは煮沸終了間際に香り高いホップを入れたってことだ。

1回目、2回目、3回目、それぞれ同じホップを入れ、苦味と香りを統一してもいいし、種類を変えることで深みを出していくのもいい。まさにブルーイング・アーティストの腕の見せ所って感じがするね。それぞれのホップの特性を利用して、ビールのキャラクターを構成する重要な作業だ。

殺菌とホップのキャラクターづけ以外にも煮沸の目的はあるの？

煮沸すると水分が蒸発して麦汁の糖度が上がる。だから、糖度が下がりすぎた麦汁の場合、煮沸時間を長くすることで設定した糖度に戻すこともできるのだ。また、煮沸することによって麦汁中のタンパク質が凝固し、沈降《ちんこう》しやすくなるという利点もある。さらに麦芽に含まれる硫黄成分（オフフレーバーの元になるDMSという物質）を蒸発させる目的もあるよ。

（基本のホッピング）

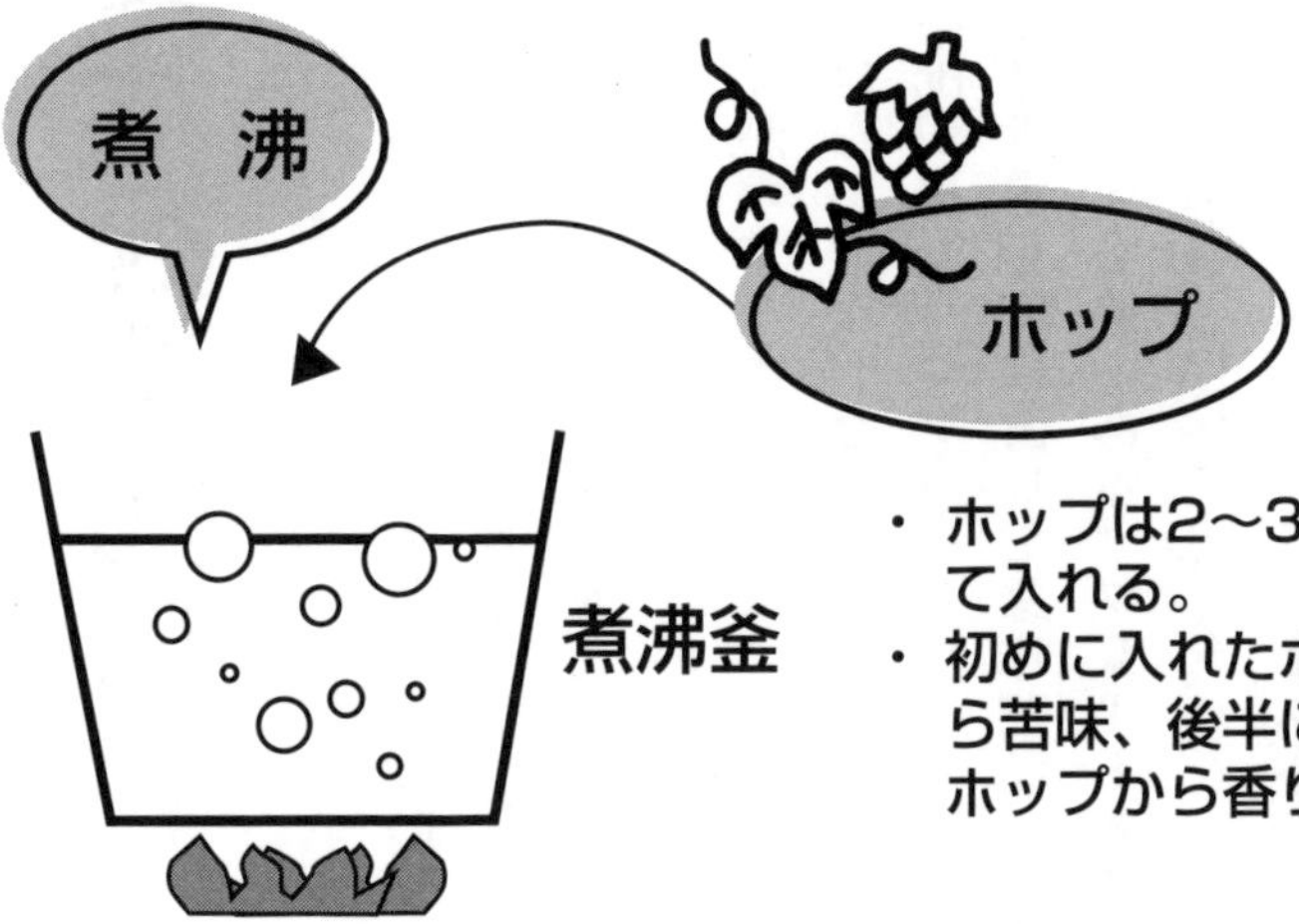

・ホップは2～3回に分けて入れる。
・初めに入れたホップから苦味、後半に入れたホップから香りを得る。

（ドライホッピングとは？）

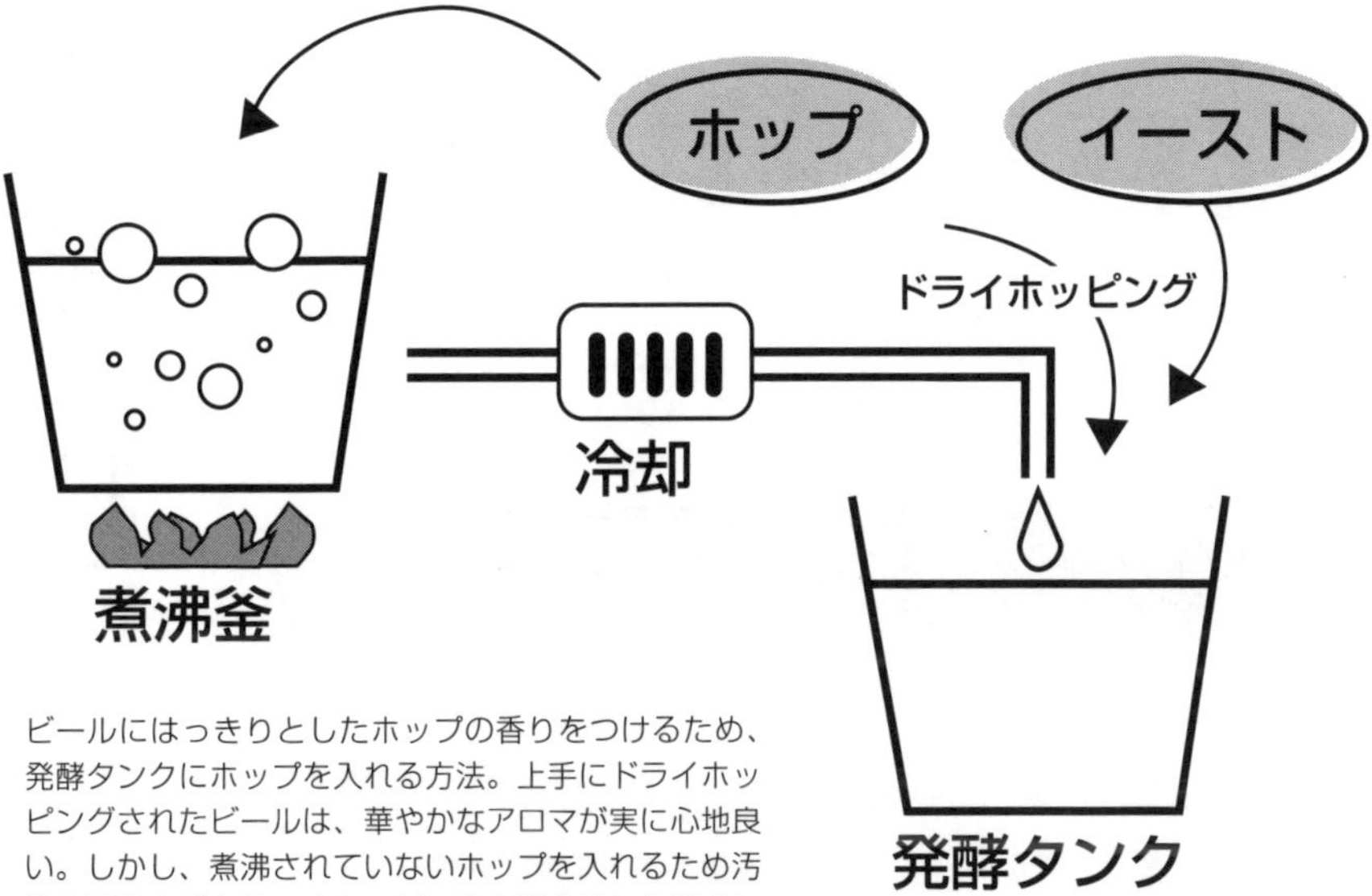

ビールにはっきりとしたホップの香りをつけるため、発酵タンクにホップを入れる方法。上手にドライホッピングされたビールは、華やかなアロマが実に心地良い。しかし、煮沸されていないホップを入れるため汚染のリスクがある。また、ビールを濁らせたり渋くしてしまう恐れもあるため難しい技術でもある。

冷却、イースト・ピッチ

麦汁を冷却してイーストを入れる

ビール造りは、いよいよ発酵の段階に進む。ここからは一段と科学的でありなおかつ神秘的な世界が広がっていく。ワクワクするね。

まずは、煮沸された麦汁を冷却しなければならない。酵母の活躍できる温度帯は（酵母によって違いがあるが）24～4℃だからね。沸騰していた麦汁からすると極端に低い温度だ。しかし、ここでグズグズしていてはいけない。なぜならば、温度が下がるに従ってバクテリアによる汚染の心配が出てくるからだ。70℃を下ると汚染のリスクが上がってくる。これでは煮沸して殺菌した意味がないではないか。外気に触れさせずに一気に冷やす必要がある。プレート式熱交換機やウォートチラーと呼ばれる機械や道具で温度を下げる。

温度が下がれば、ここにイーストを入れる。これを〝イースト・ピッチ〟という。イーストは、造りたいビールの種類によって違うので、それに合ったものをピッチする。なお、その際もバクテリアが混入しないように細心の注意が必要である。バクテリアが入ってしまうとビールにオフフレーバー（あってはならない香りや味）がついてしまう。

プレート式熱交換機、ウォートチラーってどんな機械ですか？

熱交換機は、熱い麦汁の流れるパイプと水の流れるパイプを互いに交差させることにより麦汁の温度を下げるものだ。ウォートチラーは、コイル状のパイプが冷水につかっていて、そこに熱い麦汁を流し込むことにより温度を下げるカウンター・フロー方式と、その逆に熱い麦汁に冷水の流れるパイプをつけるイマージュン方式がある。バクテリアが最も活発に活動するのは50～27℃なので、一気に27℃以下にする必要がある。

発酵のプロセス

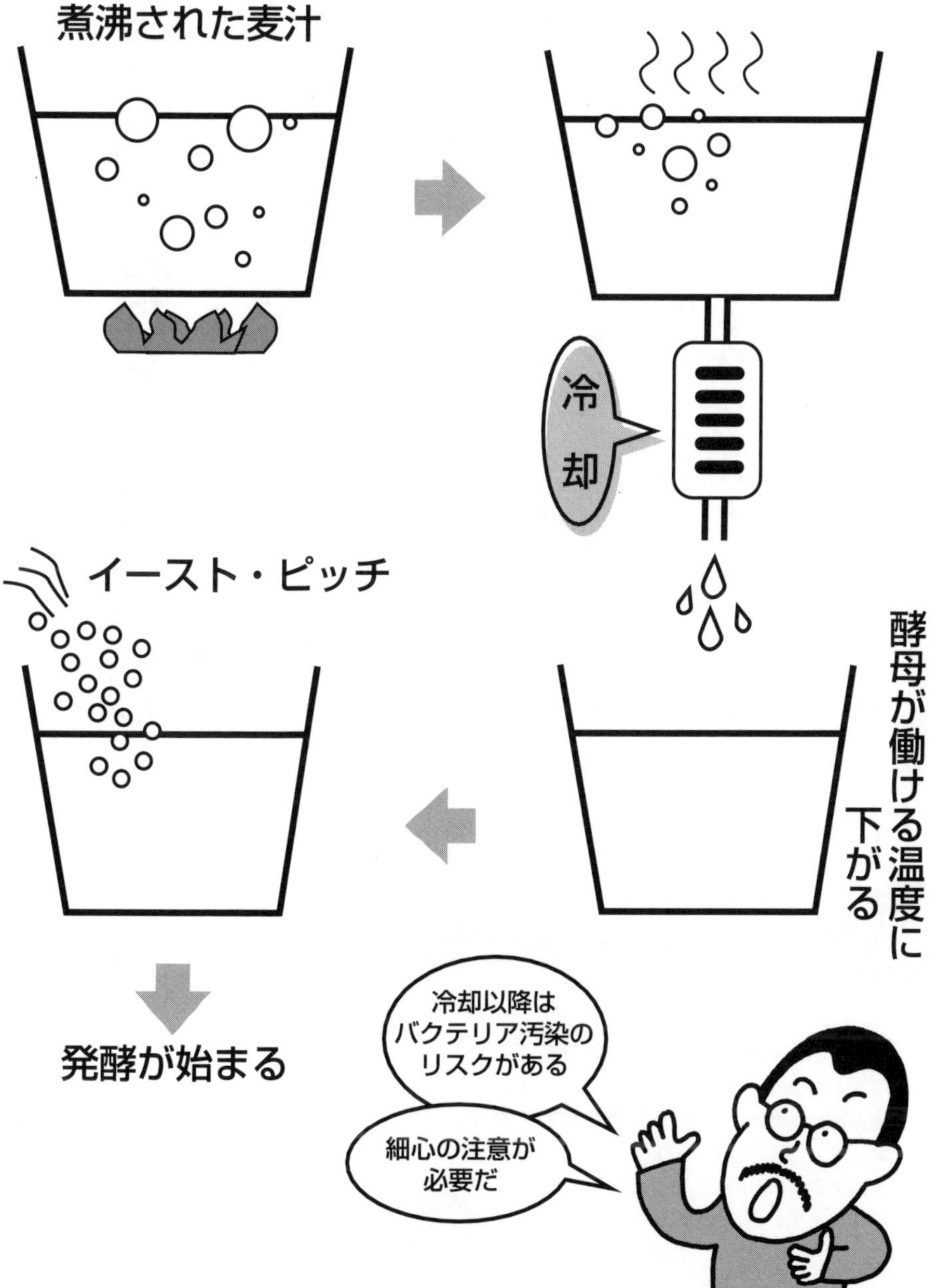
煮沸された麦汁
冷却
酵母が働ける温度に下がる
イースト・ピッチ
発酵が始まる
冷却以降はバクテリア汚染のリスクがある
細心の注意が必要だ

4段階に分かれる酵母の一生

イーストがピッチされた麦汁は、発酵を始める。上面発酵酵母にしろ下面発酵酵母にしろ酵母の一生は4つのステージに分けられる。

①まず、自分自身の細胞壁を透過性豊かなものに作りかえる。新しい酵母の細胞壁は糖分が吸収できないのだ。コートを夏服に着替える感じ？　自らのグリコーゲンと脂質、麦汁中の酵素を使い透過性を手に入れるのだ。この段階をラグ・フェーズと呼ぶ。

②そして、増殖する。酵母の一部から出た芽が分離して2～6時間で同じ大きさになる。すごいなぁ。バンバン増える。この段階はレスピレーション・フェーズと呼ばれる。

③酸素を食い尽くすと増殖をやめ、いよいよアルコール（エタノール）と二酸化炭素を作り出す。ファーメンテーション・フェーズである。これぞビール造りのクライマックスと言っていい。

④最後に、糖代謝を終え、「あー喰《く》った喰った、フゥー」ってな具合に凝集し沈んでいく。セジメンテーション・フェーズと呼ばれる段階だ。

発酵を化学式で表すとどうなりますか？

グルコース　エチルアルコール　二酸化炭素

$C_6H_{12}O_6 \rightarrow 2C_2H_6O + 2CO_2$だ。

さらに詳しく説明するとグルコースがピルビン酸に変わり、さらに二酸化炭素とアセトアルデヒドに変わり、アセトアルデヒドがエチルアルコールに変わる。という化学変化である。

（イーストの一生）

イーストの一生

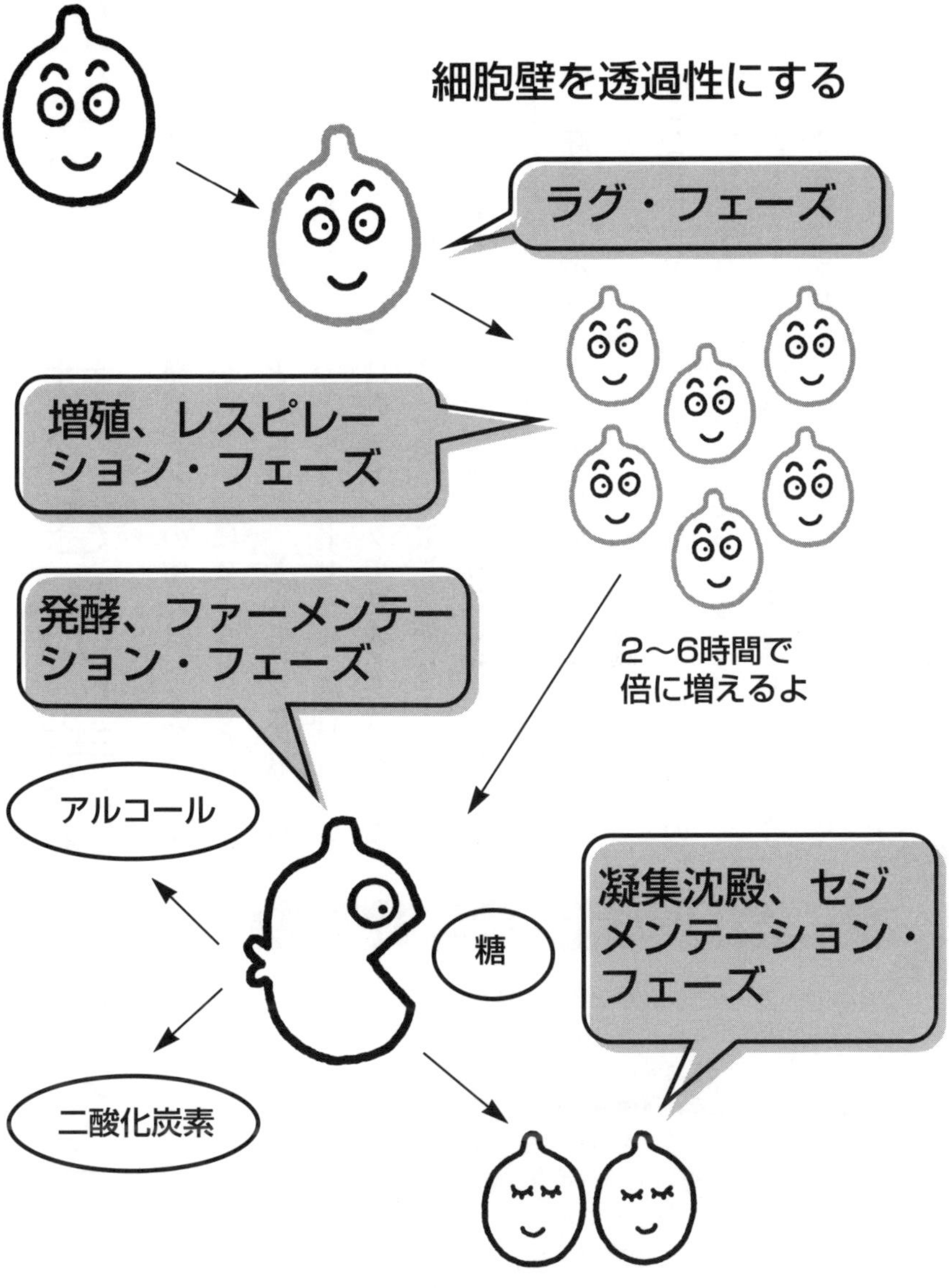

ビールを熟成させ、さらに美味しさアップ！

発酵が終わり、イーストが沈殿した発酵タンクの中には、すでにアルコールと二酸化炭素ができている。だから、すでにビールと言えばビールである。もちろん、このまま飲むこともできる。しかし、この状態は私達が日常飲んでいるビールとはちょっと違う。若ビールと呼ばれるこの液体を美味しいビールにするためには貯蔵タンクで熟成しなければならないのだ。慌てる何とやらは貰《もら》いが少ないってことか？

まずは、若ビールから凝固して沈殿した酵母を取り除く。しかし、若ビールの中にはまだ浮遊しているイーストが残っているので発酵は持続する。これを後発酵と呼ぶ。このときにできた二酸化炭素はビールの中に溶け込んでいく。

ビールは熟成することでフレーバーが整い、またタンパク質や酵母の澱《おり》が沈んでいき、霞が取れてくる。澄んでいくのだ。

ラガービールは、1℃～マイナス1℃で2～3カ月貯蔵する。実は、下面発酵ビールの総称である「ラガー」とは「貯蔵する、横たえる」という意味なのだ。貯蔵、熟成がクリーンなビールを生んでゆくってことだね。

ラガーってキリンビールのことじゃないんですか？

日本では「ラガー」と言えば「キリンラガービール」のことをさすが、本来は「貯蔵すること」であり、下面発酵ビール全体を表す言葉なのだ。だから、下面発酵ビールのアサヒスーパードライもサッポロ黒ラベルもサントリーモルツもすべてラガーである。もちろんキリンラガーもラガーだし、キリン一番搾りもラガーである。なんだかちょっとややこしいね。

（ビールの熟成）

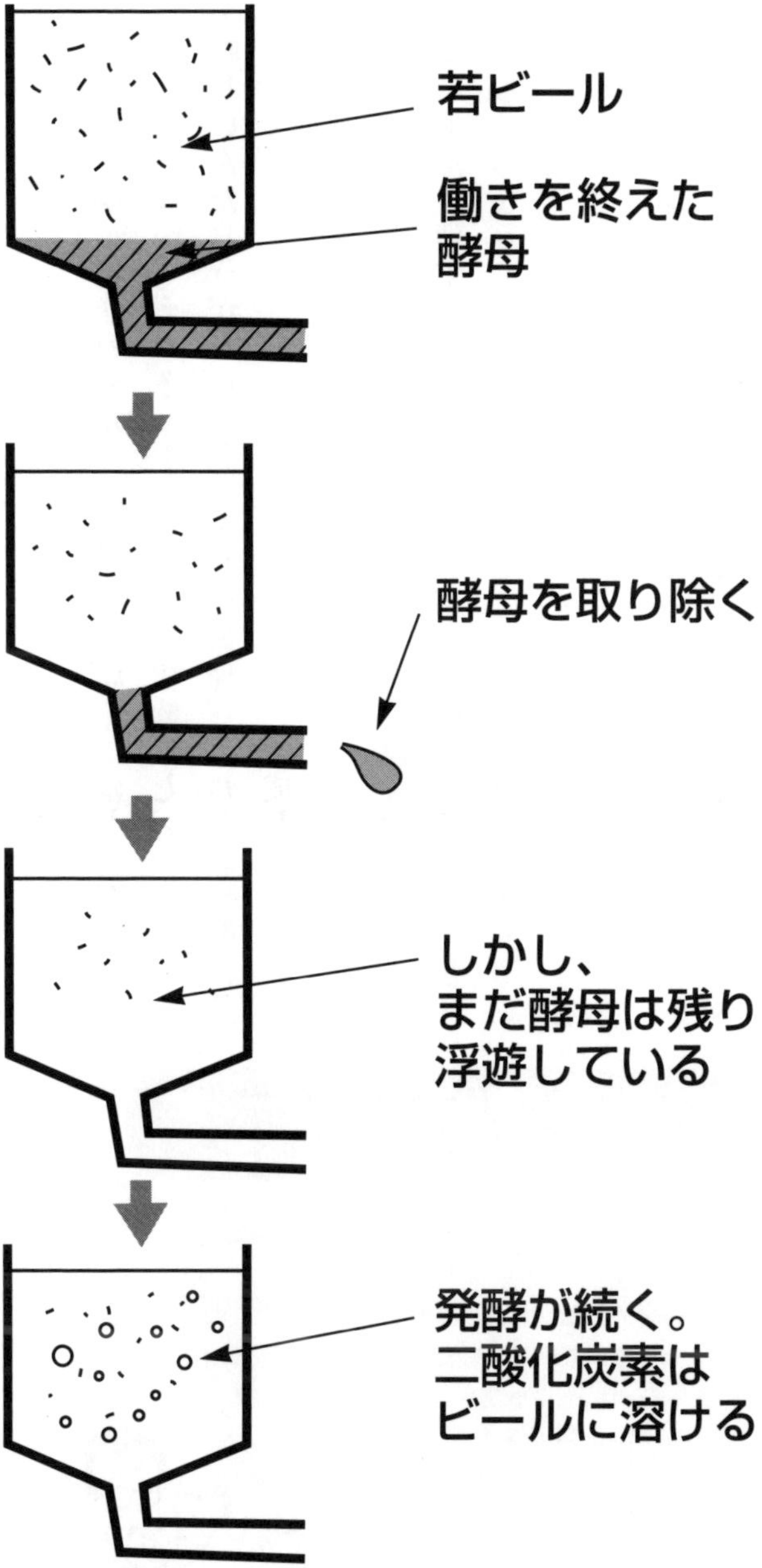
若ビール
働きを終えた
酵母
酵母を取り除く
しかし、
まだ酵母は残り
浮遊している
発酵が続く。
二酸化炭素は
ビールに溶ける

ラッキング

ビールを樽や瓶に詰める。濾過する？　加熱する？

でき上がったビールが私達の手元（口元？）に届くには、容器に入れてもらわないとならない。えっ？　タンクから直接飲みたいって？　それが一番美味しいんだろうが、現実問題として無理だよね。瓶や樽に詰めてもらわなきゃ。

この際、濾過《ろか》するか？　加熱するか？　が問題だ。

ビールを濾過することによって酵母などが取り除かれ、クリアーなビールができる。加熱処理すると細菌が死滅し酵母も働かなくなる。賞味期限も長くなる。ちなみに加熱処理は英語ではパスチャライゼーションと呼ばれるんだ。フランスの化学者パスツールって知ってるよね？　彼が発見したからだ。

また、外国のビールでは瓶や樽の中にプライミングシュガーと呼ばれる糖や新たな酵母を入れ、さらに発酵させるスタイルのものもある。ベルギービールに多く見られるね。

生ビールとは濾過も加熱処理もしないものだが、日本の大手メーカーは「濾過して加熱処理しない」ビールを生ビールとして出荷している。

近代醸造学の父と呼ばれるパスツールについて教えて下さい。

フランス人化学者パスツールは乳酸菌の発見や狂犬病ワクチンの開発だけでなく、発酵が酵母の働きであることを解明した醸造学の父である。パスツールは『ビールに関する研究』という本も書いている。彼は「フランスでもドイツに負けない美味しいビールが造られるように」と望んでいたが、この本はフランスではあまり評価されず、ライバル視していたドイツで人気が出た。そして、ドイツのビールはさらに旨くなった。皮肉な話だ。

でき上がったビールを詰める

日本の大手ビールメーカーの生ビールは濾過ありの熱処理なしが多い。濾過しないビールにはチョウザメの浮き袋から作ったアイシングラスという清澄剤《せいちょうざい》（浮遊している酵母などを吸い寄せる）を入れる場合がある。

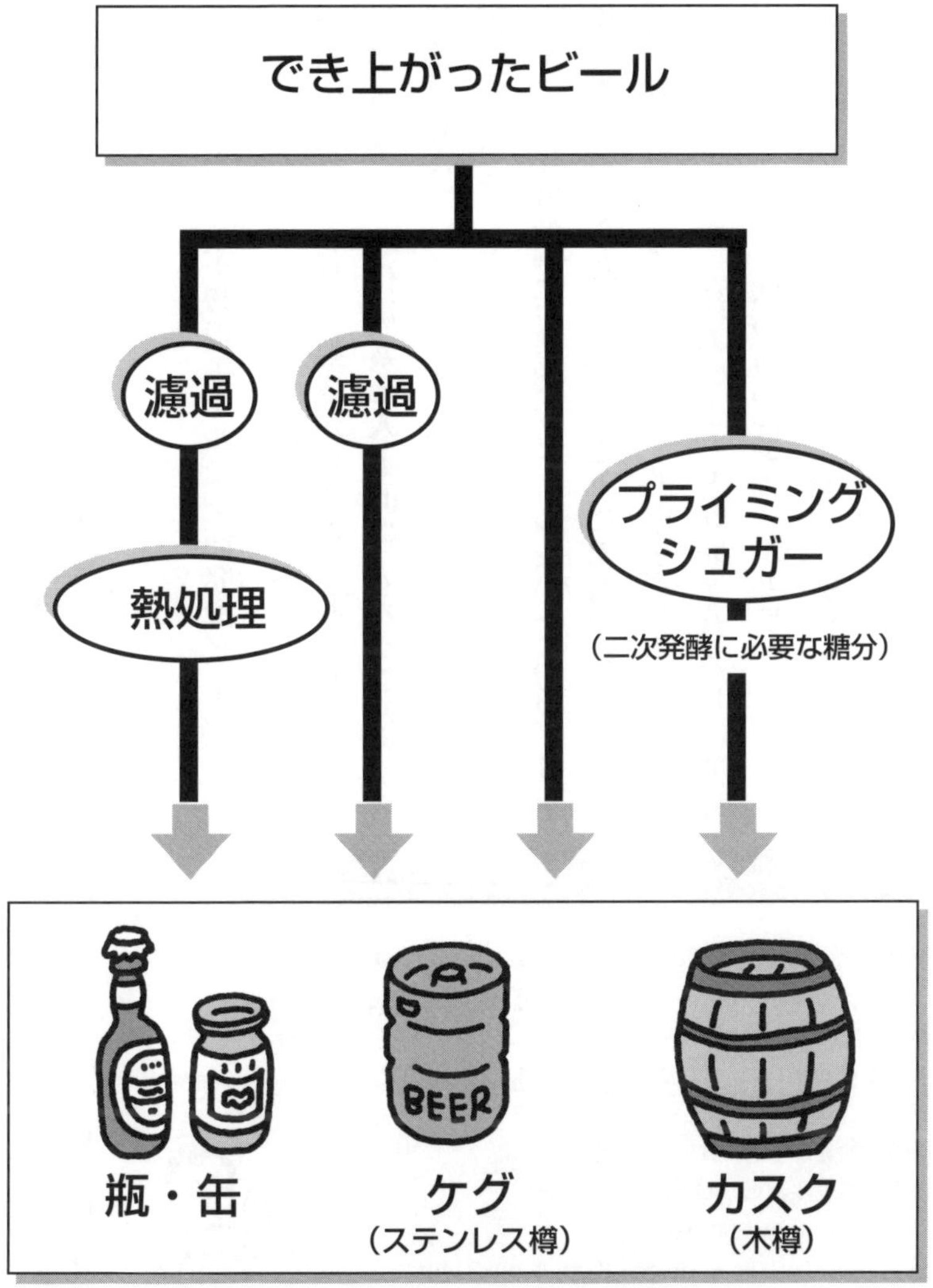

大きく分けて4つのパターンがある

イギリスのパブで人気のリアルエールとは？

リアルエール。日本語に訳すと「本物のエール（上面発酵ビール）」である。

リアルエールとは樽の中で二次発酵と熟成がおこなわれるビールだ。イギリスのパブで人気がある。二酸化炭素を人工的に加えることなく、自然な炭酸がビールに溶け込んでいる。日本人観光客には「イギリスのビールはぬるくて気が抜けている」と不評のようだがね。

しかし、リアルエールこそ伝統的で古典的なビールなのである。リアルエールはビール工場で樽に詰められ、パブの地下にあるセラーに運ばれる。セラーは約12℃に保たれ、ここで樽内二次発酵がおこる。そして、セラー管理者やパブ経営者によって『飲み頃！』と判断される日に開栓される。まさに最良の瞬間のビールが飲めるわけだ。

このリアルエールは、本場のイギリスでも一時衰退していた。流通と管理が大変だったからだ。それを憂い、復興させたのはCAMRA（キャンペーン・フォー・リアルエール）という市民団体である。現在、美味しいリアルエールが飲めるのはCAMRAの活動の成果である。

日本でリアルエールは飲めないの？

ブリティッシュ・パブのいくつかはリアルエールを出している。また、ヤッホーブルーイング（長野県）の石井敏之氏の呼びかけで志の高い地ビールメーカーがリアルエール造りを始め、パブに提供している。2003年、2004年には両国のビア・パブ、ポパイで「東京リアルエール・フェスティバル」も開催され、大勢の参加者がリアルエールを楽しんだよ。

よなよなエールwww.yohobrewing.com
リアルエールwww.realale.jp
ポパイhttp://www.lares.dti.ne.jp/~ppy/index2.htm
東京リアルエール・フェスティバルhttp://www.goodbeerclub.org/traf/

リアルエールと一般的なビールの違い

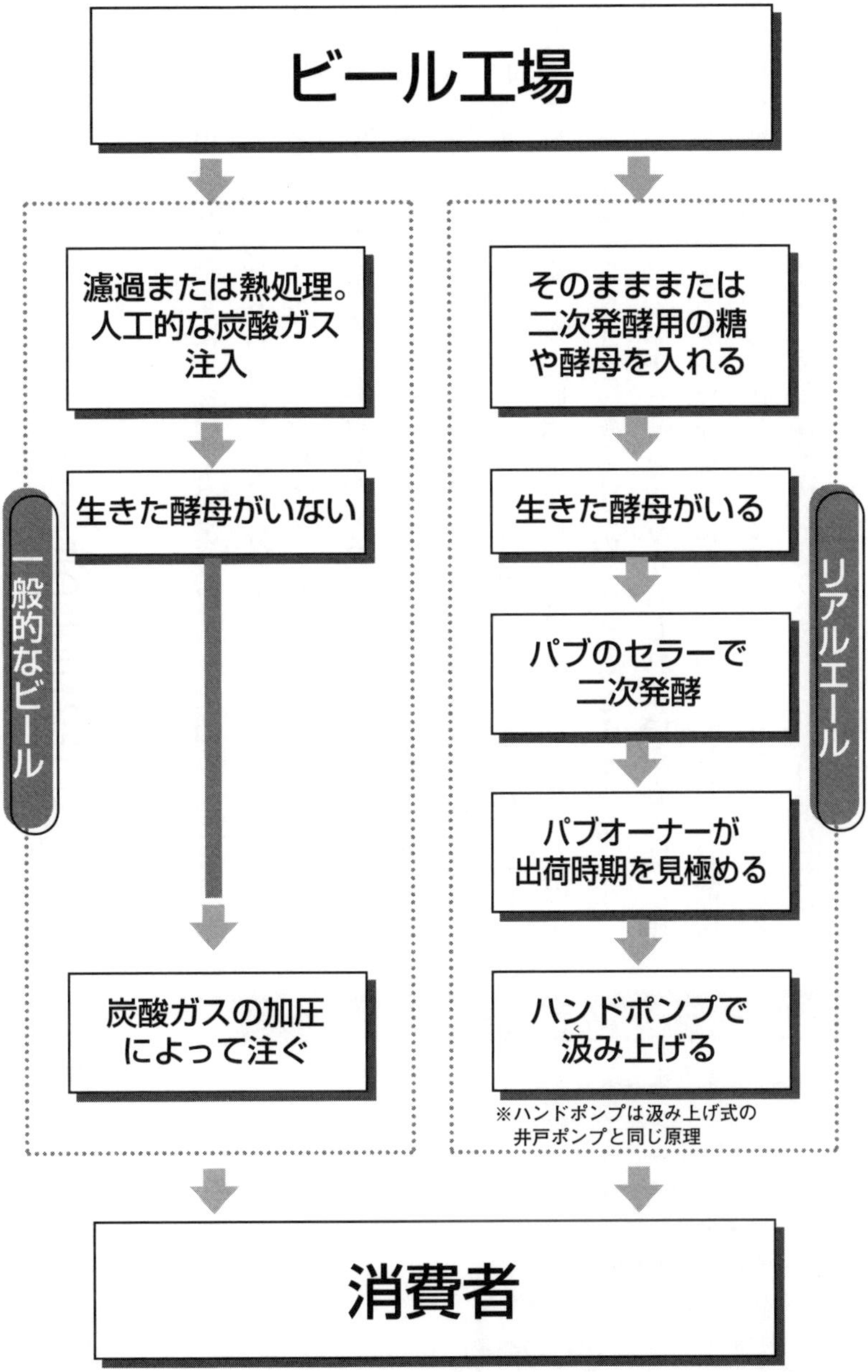
ビール工場
一般的なビール
濾過または熱処理。人工的な炭酸ガス注入
生きた酵母がいない
炭酸ガスの加圧によって注ぐ
リアルエール
そのまままたは二次発酵用の糖や酵母を入れる
生きた酵母がいる
パブのセラーで二次発酵
パブオーナーが出荷時期を見極める
ハンドポンプで汲《く》み上げる
※ハンドポンプは汲み上げ式の井戸ポンプと同じ原理
消費者

合法的にマイ・ビールを造る方法。それがBOPだ

日本では酒造免許を持たずに1%以上のアルコールを造ることは違法行為である。でも、「やっぱり自分自身で自分好みのマイ・ビールを造ってみたいよー」って気持ちになる人、多いんじゃない?

安心めされ。そんな人のためにBOPがある。Brew On Premisesの略で、醸造所の設備を個人が借りてビール造りをするシステムだ。関東では常陸野ネストビールで有名な木内酒造がBOP設備を開放している。

約3〜4時間半かけて麦汁を作ると3〜4週間でビールに仕上がり、瓶詰めされて送られてくる。330ml瓶45本から。費用は1万8000円からだ（詳しくはhttp://kodawari.cc/top.htmlの「手造りビール工房」を）。「専門知識がいるんじゃないのぉ?」と思うかもしれないが心配はご無用。ネストビールの優秀なスタッフが親切に付き添ってくれる。試飲用ビールを数種類飲み比べながら「このビールより少し苦く」なんて言えばレシピだって組んでくれる。あとは工程表通りにモルトを計量したり、糖化槽を搔《か》き混ぜたり、温度を測ったり、スパージングのお湯をかけたり、煮沸釜にホップを放り込んだりすればいいだけだ。楽しいぞぉ。

BOPで造ったビールを売ってもいいんですか？

BOPで造ったビールは合法だし、酒税も払っているので一般のビールと同じ。だから売ってもなんの問題もない。とは言え個人で販売するわけにはいかない。お酒を売るには酒販免許が必要だからね。酒販店や飲食店を通じ、はじめて商品となるよ。

醸造所でBOPを体験する

モルト

ホップ

糖　化

スパージング

煮　沸

乾　杯

完　成

COLUMN

ビール工場を見学に行こう

ビールを造っている現場を、実際に見てみたい。

そんな人は工場見学に行ってみよう。サントリー武蔵野ビール工場では年末年始を除く毎日、10：00～16：00（7～9月の土日は16：30まで）のあいだ工場を見学できるのだ。そしてなによりも、見学終了後はゲストルームでできたてのビールが試飲できる。本当は見学よりこっちのほうが目的だったりして。工場で飲むビールの味はまた格別だしね。

見学は2名以上で催行される。アテンド係の女性が原料コーナーから始まり仕込み釜や発酵タンク、貯酒、缶詰めラインなどを解説しながら案内してくれる。質問にも懇切丁寧に答えてくれる。約60分のコースを回れば、ビール造りの工程を知ることができるのだ。

また、お土産コーナーでは、Tシャツやグラスなどノベルティ・グッズの販売もおこなわれている。待合室に流れる歴代のTV-CMも見所だ。「椎名誠、若ぁーい」なんて懐かしい画像を前に話題も広がるぞ。京王線分倍河原駅から無料シャトルバスもある。便利だ（見学はご案内係042-360-9591でご予約を。委細情報はhttp://suntory.jp/FACTORYで見ることができる）。

Q ビール工場を見学する時、注意することってありますか？

A 定められた場所以外は絶対に入らないことだね。大きな工場の場合、見学コースがあるのでそれを守れば、特に注意することはないと思うよ。

　コースのない工場の場合は、実際の現場に近づくわけだから注意も必要だ。ヘルメット、長靴の着用が望ましい。また、汚染の危険があるもの、たとえば納豆、ブドウ、乳酸菌は持ち込まないように。また乳幼児もご遠慮いただきたい。

第4章

もっとビールを味わいたい
もっとビールを楽しみたい

夏には夏の、冬には冬のビールの楽しみ方がある。いろいろな種類のビールの特性をさらに生かすため、グラスの選び方や適温を知ることも大切だよ。テイスティングや料理との合わせ方も紹介しよう。

ビールは五感で楽しむ！

ビールは喉で楽しむと言う人がいる。もちろん喉でも楽しめるが、せっかくのビールなんだからもっとイッパイ楽しみたいよね。ビールは視覚、聴覚、嗅覚《きゅうかく》、味覚、触覚すべてで楽しもう。

まずは視覚。その美しい色や泡立ちや透明感を見る。キラキラ輝いて綺麗《きれい》だなぁ。ものによっては酵母のくすみが愛《いと》おしいことだってある。

続いて聴覚。はじける泡のシュプシュプという音を耳で聴きながらグラスをそっと引き寄せる。

ここでいきなりグビグビと飲んでしまってはもったいない。嗅覚の出番だ。グラスから立ちのぼるホップやモルトのアロマを楽しもう。フルーツやスパイスにも似た香りもするだろう。

そして味覚。舌から口全体で複雑に絡み合った味を感じよう。喉の奥から鼻に抜ける香りも存分に楽しみたい。ハーブ？　バニラ？　洋梨？　バナナ？　チョコレート？　宝探しのようにワクワクする瞬間だ。

最後にゴクリ。口から喉を通り胃袋に落ちていく。炭酸の刺激やアルコールの温かさを触覚で感じよう。ビールは五感で官能しよう。

ビールを楽しむ五感のなかで最も活躍する感覚はどこですか？

ビールは飲むものなんだから味覚じゃないの？　と思われるだろうが、嗅覚だ。嗅覚が大きな情報源になっているんだよ。これはビールだけに限らず、飲み物、いや食べ物全般において言えることなんだけど鼻をつまんで口に含んでごらん。香りや匂いがないと味ってわかりにくいよ。ものによっては「えっ？　いま何を食べてるの？　味がわからない」って感じるはずだ。

ビールを五感で楽しむ

嗅　覚
鼻から感じる香り、口から鼻に
抜ける時に感じる香り
視　覚
色、透明感、泡立ち、泡もち
味　覚
舌で感じる甘味や酸味や苦味
触　覚
口全体で感じる炭酸、
喉を通る感触
聴　覚
泡のはじける音、炭酸の勢い

ビールの種類によってグラスの形も違う

ビールを飲む時は必ずグラスに注ごう。缶や瓶から直接グビグビと飲むのはお勧めできない。なぜか？　ビールをグラスに注ぐと泡が立つでしょ。あの泡はビールが直接酸素に触れることを防ぎ、酸化防止の役目を果たしているのだ。缶や瓶から直接飲んでいると泡が立たないわけだから開栓口から入った酸素がビールをどんどん酸化していくわけ。

また、注ぐことによって適度に炭酸が放出され、口当たりのよい状態にもなる。第一、グラスに注がないと、ビールの美しい色や輝きを鑑賞できないではないか。だから、グラスも色がついたもの、柄が多いもの、透明でないものは「損してる」って気がする。陶器のジョッキやカップは泡が綺麗に立つと人気だが、個人的には好きではない。やっぱり、視覚でもビールを楽しみたいよね。

さらに、ビールの種類によって、使うグラスの形にもこだわりたい。そのほうが旨い。ベルギービールなんて銘柄ごとにグラスが定められているぐらいだからね。「このビールはこの形のグラスで飲んだ時に最高の香りと味わいだよ」というこだわりを持っているんだね。

ビールグラスのイメージは国によって違うの？

日本人に「ビールを飲む時のグラスをイラストに描いて」と言うとジョッキやタンブラーの絵を描くだろう。ところが、以前あるベルギー人に「ビールのグラスのイラストを描いてよ」と頼んだところ、彼は脚つきグラスの絵を描いた。なるほど。ベルギーではホワイトエールなどを除き、ほとんどのビールがワイン・ゴブレット型のグラスで飲まれているからね。ところ変われば常識も変わるってことだね。

（ビールが変わればグラスも変わる）

ピルスナー

フルート型

ペールエール
（イギリス）

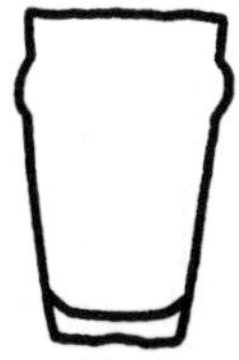

パイントグラス

ペールエール
（アメリカ）

パイントグラス
ガラスが厚い

ヴァイツェン

ヴァイツェン型

ケルシュ

細長い直線型

ベルジャン・
ホワイト

タンブラー
ガラスが厚い

ベルジャン・ペール・
ストロングエール

チューリップ型

トラピスト

ワイン・
ゴブレット型

オクトーバー
フェスト

ジョッキ

バーレイワイン

リキュール型

スコッチ・エール

アザミ型

パウエル
クワック

丸底フラスコ
底が丸いのでテーブルに
置くことができない。

なぜ、グラスの形にまでこだわるのか？

じゃー、なぜそんなに形にこだわるのか？　飲めればいいジャン！　と思うかもしれないが、ちゃんと理由があるのだ。

まず香り。広く開放されたグラスは香りが拡散し、閉じたグラスは籠《こ》もる。華やかな香りのビールは開放型、複雑な香りには口が絞られたグラスがいい。また径の大きいグラスは、飲み続けるにしたがいグラスに鼻全体が入るのでいつまでも香りを楽しむこともできる。

続いて泡。グラスの形状によって泡の立ち方が違う。チューリップ型グラスはすぼまった部分で泡が締められるため、そこから高く盛り上がり美しい形状になる。また、フルート型のような細長いグラスは立ち上がる気泡を楽しみ続けることができる。

さらに、味わい。飲み口の形状によって口に流れ込む勢いが変わり、その結果〝まず舌のどの部分に当たるか？〟が変わってくる。舌は場所によって感じる味覚が違うので、ビールの印象も変わってくるわけだ。

そして温度。低い温度で楽しむビールはグラスの厚みを増したり取っ手をつけて手の温度が伝わりにくいようになっている。

ビールごとにグラスを変えたいけど、そんなに収納できないんですが。

確かに。食器棚はそんなに広くないからね。まずは、ゴブレットと脚のあるものの2種類あればいいんじゃないかな。脚のあるものはワイングラスと兼用してもいいよ。余裕があれば飲み口が広いものとすぼまったもの、チューリップ型、ヴァイツェン型と揃えていけばいい。また、自分が最も好きなビールに合ったものから揃えていくというのもいいアイデアかもしれない。ベルギービールのグラスを銘柄ごとに揃えたいって人は輸入元に問い合わせてみよう。

ビールグラスと香り、泡、味、温度の関係

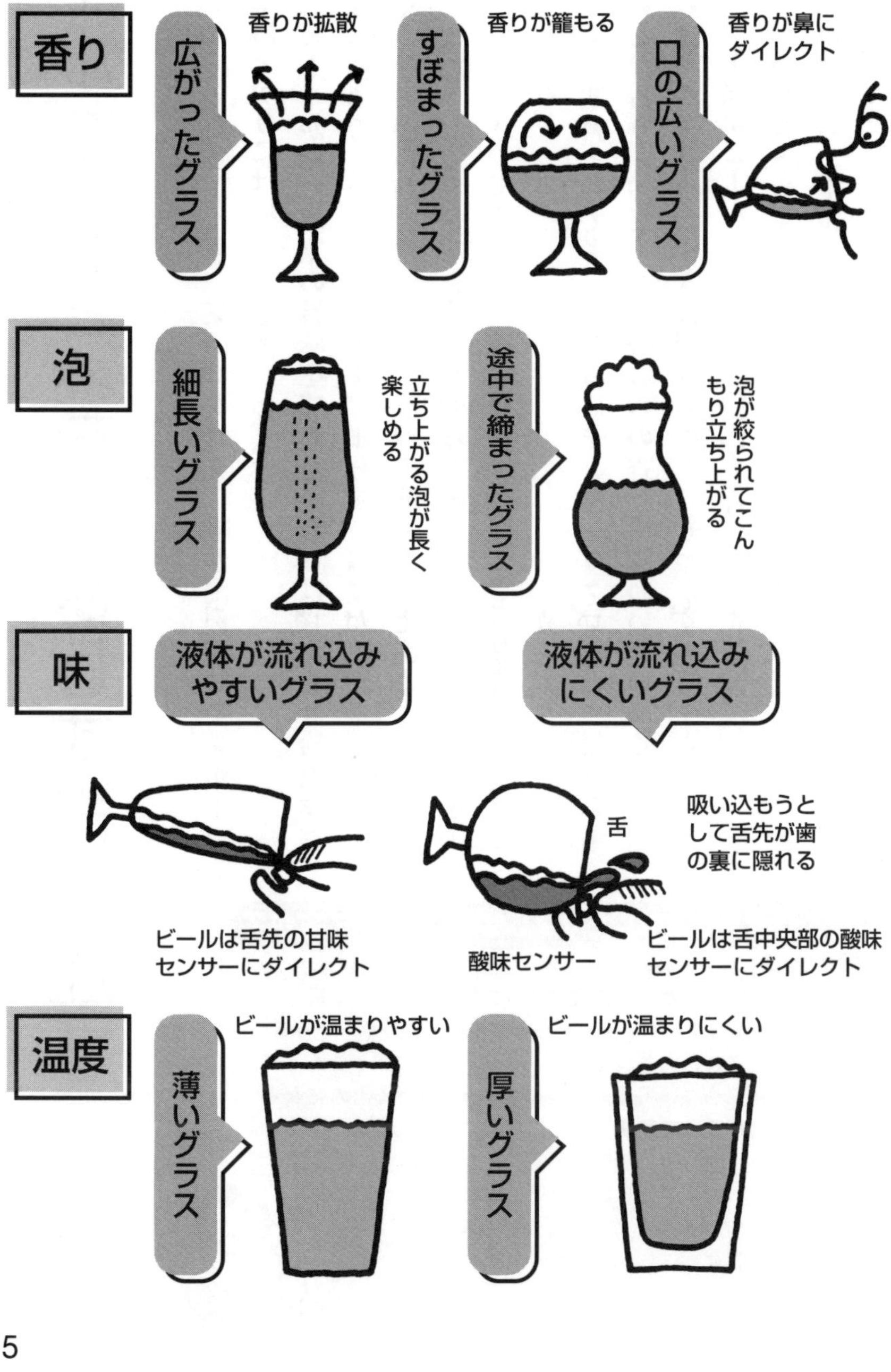
香り
広がったグラス
香りが拡散
すぼまったグラス
香りが籠もる
口の広いグラス
香りが鼻にダイレクト
泡
細長いグラス
立ち上がる泡が長く楽しめる
途中で締まったグラス
泡が絞られてこんもり立ち上がる
味
液体が流れ込みやすいグラス
液体が流れ込みにくいグラス
ビールは舌先の甘味センサーにダイレクト
舌
吸い込もうとして舌先が歯の裏に隠れる
酸味センサー
ビールは舌中央部の酸味センサーにダイレクト
温度
薄いグラス
ビールが温まりやすい
厚いグラス
ビールが温まりにくい

ビールもグラスも冷やしすぎに注意

　キンキンに冷えたビールを一気にゴクゴク。喉が渇いた時やスポーツのあと、風呂上がりには堪《こた》えられない一杯だ。

　しかし、ビールが持つ本来の旨味を感じたいならば、あまり冷たすぎるビールはお薦めできないな。ビールに限らず、温度が下がると味ってわかりにくくなるからね。常温のコーラって飲んだことある？　凄く甘いでしょ。冷たくしても甘味を感じさせるためにはあそこまで糖分を入れておかないとダメってことだ。逆に言うと「冷えると甘味は感じない」ってことでもある。

　ビールを止《し》渇《かつ》飲料として考えるならばキンキンゴクゴクの一気飲みも悪くはないんだろうが、ビールそのものの香りや味わいをゆっくり楽しみたいならば、あまり冷えすぎは困りものだ。せっかくのビールが台無しである。一生懸命ビールを造ってくれたブルワーに申し訳ないよ。

　特にホップやモルトのキャラクターがしっかりしているビールやフルーティーさが特徴のエール、ハイアルコールビールは飲む少し前に冷蔵庫から出して温度をちょっと上げてやったほうがいいだろう。

グラスを冷やしたり凍らせるのはどーですか？

　ライトラガーなど低い温度で楽しむビールの場合は軽く冷やすのも悪くはないが、凍らせるのは馬鹿げてるね。だって、凍ったグラスには霜がつくよね。グラスの外に霜がつくってことは内側にもついてるわけだ。あれって溶けると水になるよ。きれいに洗って乾燥させたグラスになぜ無駄な水をつけるの？　せっかくのビールになぜ霜を混ぜるの？　百害あって一利なしだ。しかし、なぜそんなに冷やしたいのかねぇ？　管理が悪くて劣化したビールをテイストレスにしてごまかしたいわけ？

ビールスタイルごとの飲み頃温度

ビールの種類	温度
ライトラガー	7℃
ピルスナー	9℃
ケルシュ	9℃
ベルジャン・ホワイトエール	10℃
ヴァイツェン	10～12℃
ベルジャン・ストロングエール	10～13℃
ペールエール	13℃
ブラウンエール	13℃
バーレイワイン	16℃
ベルジャン・デュッベル	16℃

ビールと泡は7：3が理想的

ビールの泡が立ちすぎるのを嫌う人も多いが、市販のビールの場合は適度に泡があったほうがいい。グラスの1/3〜1/4が泡って状態がちょうどいい。ビールと泡の比率が7：3ぐらいがいいね。とは言えこれもスタイルによって変わってくる。ベルギーのゴールデンエールは泡の部分が多くなるように注ぐ。きめ細かな泡のモッコリぐあいが魅力の一つだからね。グラスにプリントされたブランド・ロゴの中央が泡とビールの境目になるようになっているものも多いので目安にすればいいだろう。

家庭でビールを楽しむ際の正しい注ぎ方は、まずトトトとグラスの半分ぐらいまで注いで適度な泡を作る。あまりドボドボッと勢いよく注ぎすぎると、粗くもちの悪い泡になったり酸化の原因になったりする。しかし、チョロチョロでも意味がないぞ。ここで適度に炭酸ガスを発散させて泡のベースを作る必要がある。頃合いのトトトって感じが大切だ。

泡ができたら、しばらく待つ。泡のボリュームが少し減り、締まってくるはずだ。そして、今度はゆっくりスーッとビールを注いでいく。泡が持ち上げられていき、グラスより高く盛り上がる。

泡を立てないほうがいいビールってあるんですか？

泡を立てないほうがいいというよりも、〝あまり立たないビール〟があるよ。樽の中で二次発酵するリアルエールは自然にできる二酸化炭素だけがビールに溶け込んでいるのであまり泡立ちがない。また、ハイアルコールビールのなかにはほとんど泡が立たないものもある。アメリカのマイクロブルワリー、サミュエル・アダムスのユートピアというビールはアルコール度数25%。トロリとしたフルボディビールでほとんど泡は立たないよ。

ビールの正しい注ぎ方

通常のビール

まず泡を立てる（適度に炭酸ガスを放出させるが、酸素を巻き込みすぎないよう注意）。

少し待つ。泡が締まる。

ゆっくり注ぐ。泡が持ち上がる。これをもう一度繰り返してもいい。

グラスから泡が盛り上がる。

窒素ガス入りカプセルが入ったビール

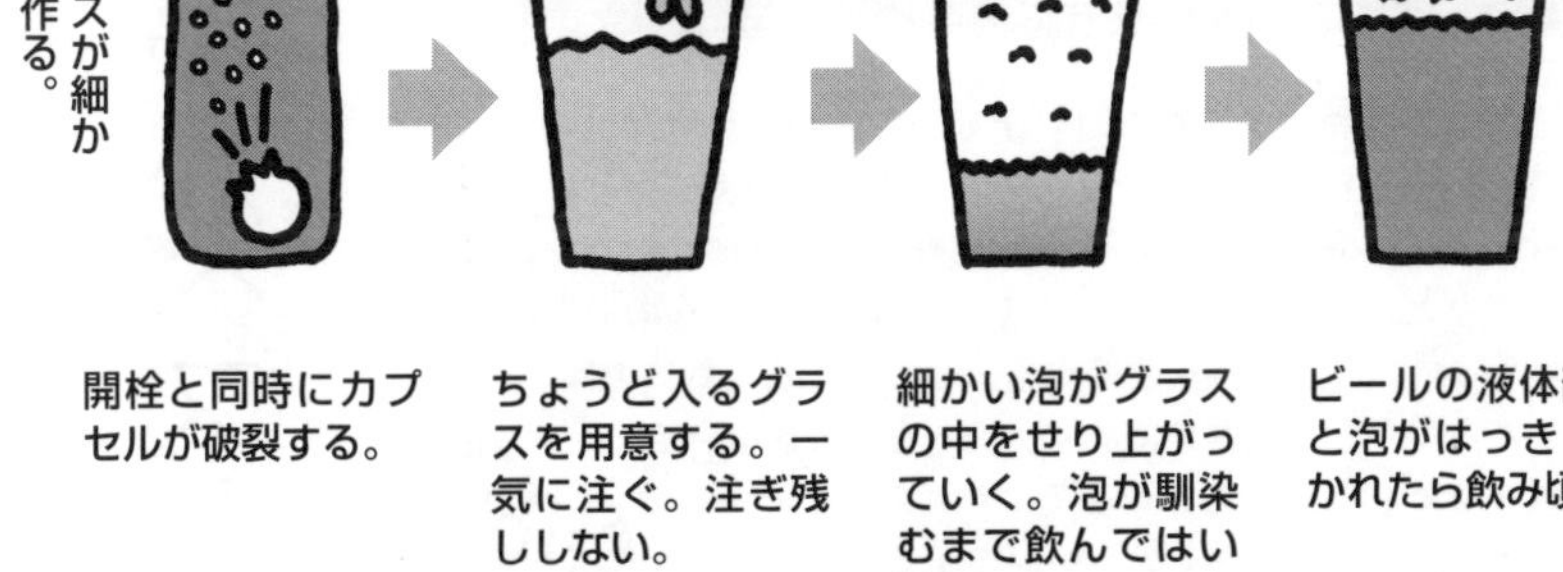

開栓と同時にカプセルが破裂する。

ちょうど入るグラスを用意する。一気に注ぐ。注ぎ残ししない。

細かい泡がグラスの中をせり上がっていく。泡が馴染むまで飲んではいけない。

ビールの液体部分と泡がはっきり分かれたら飲み頃。

ビールグラスは重曹水で洗い、自然乾燥がベスト

ビールに限らず、お酒は綺麗なグラスで飲みたいものだ。バーテンダーがグラスをキュッキュとクロスで磨き上げる姿はカッコイイね。

でも、ビールグラスの場合、このキュッキュがデメリットとなる場合がある。絶対に糸くずの出ない布と完璧な技術があれば別だが、クロス拭きするとどーしても繊維がグラスの表面に残る。これがビールには大敵なのだ。目に見えないほどの繊維でも、そこに泡が立つ。ビールを注ぐとグラス一面に細かい泡がビシッと並んでしまったなんて経験ない？　あれってグラスの汚れやキズに泡がついちゃったって状態なんだ。糸くずがあるとあんな感じになってしまうのだ。また、クロス拭きは泡もちを悪くする脂分を広げる結果にもなりかねない。

だから、ビール用グラスは拭かずに自然乾燥させたい。さらにこだわりたいなら、洗剤は使わず、1リットルに対し小さじ1杯の重曹を溶かしたぬるま湯に10～15分つけて、塩素を飛ばした（煮きった）水ですすぎ、逆さまにして乾燥させるといい。バーなどにある、グラスを逆さづりにできるラックがあれば理想的だ。

泡の跡、口紅の跡、指紋などはどうやって落とせばいいですか？

泡の跡は綺麗なグラスだからこそできたものだ。ベルジャンレースといってビール好きはその美しさを楽しむよ。これは重曹入りのぬるま湯で取れるはずだ。口紅など取れにくいものはスポンジなどで部分洗いしよう。指紋の場合は外側なので洗剤を使ってもいいけどね。家庭の場合、ここまでこだわるのは難しいだろうから「洗剤を使わず、ぬるま湯で洗い、自然乾燥させる」といったところでいいだろう。ビール専用スポンジを決めておくのもいいアイデアだ。

ビールのこだわり洗い術

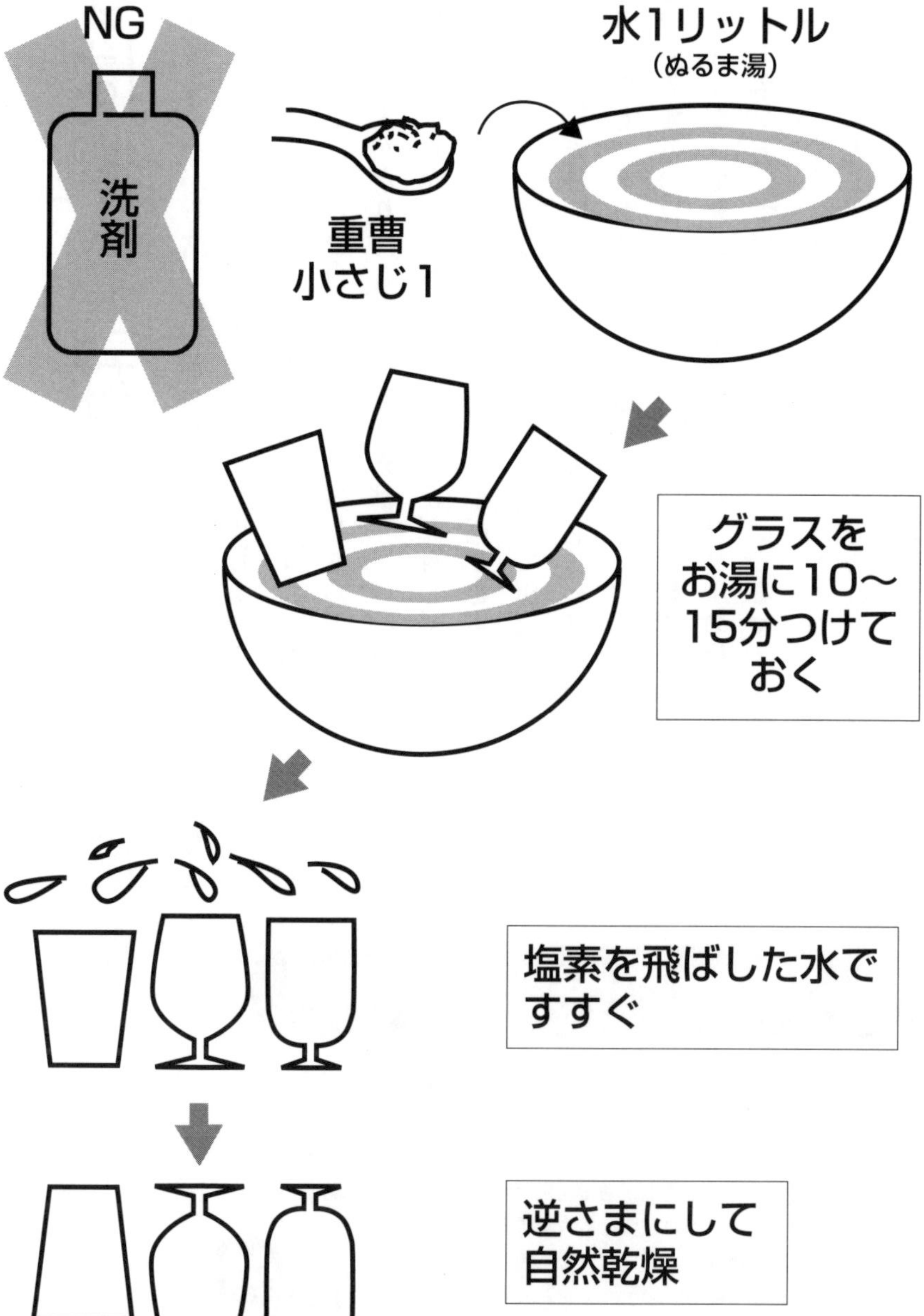
NG
洗剤
重曹
小さじ1
水1リットル
（ぬるま湯）
グラスを
お湯に10~
15分つけて
おく
塩素を飛ばした水で
すすぐ
逆さまにして
自然乾燥

まずは個人的な記録から始めよう

ビールは楽しみながら飲むことが一番だが、せっかくならその印象を記録にとどめておきたいよね。それって、美味しかったビールを「もう一度、飲みたい」と思った時の参考になるし。また、ビールの特徴を書き残しておくことは、自分自身の好みを明確化することでもあり、新たなビールを探す手がかりにもなる。たとえば「○月○日、＊＊ビールの芳《かん》ばしいロースト感がとても気に入った」と記録しておけば、次回から〝ロースト〟という言葉をキーワードにビール選びをすればいいわけだ。

テイスティングというと特別な知識が必要って気になるが、まずは主観的で個人的な好き嫌いのメモでいい。〝私のビール飲み日記〟って感じでOKだ。ただし、それらの〝好き嫌い〟をインターネットのホームページなどで発表するのはやめていただきたいね。無責任な書き込みや根拠のないジャッジ法で悪い評価を受けたブルワリーの損失は計り知れない。インターネットはすでに多くの人の目にとまるマスメディアだ。公的な発言をしたいなら、個人的な好みではなく、一定の基準を持った客観的テイスティング法によっておこなうべきである。匿名もやめるべきだ。

飲み日記をつけようと思うんですが味や香り以外に何をメモすればいいですか？

銘柄と醸造社名。外国産ならば生産国と日本での輸入会社、さらに購入した店をメモしておこう。もう一度買う時の手がかりになるぞ。香りや味から受けた印象、色、アルコール度数なども書いておいたほうがいい。ラベルを剝《は》がして貼るってのもいいね。ボトルが特徴的な場合はイラストでシルエットを描き残しておいたりするのもいいし、デジカメで撮っておくのもいいぞ。

飲んだビールの記録をつけておくと
次にビールを選ぶ手がかりになる

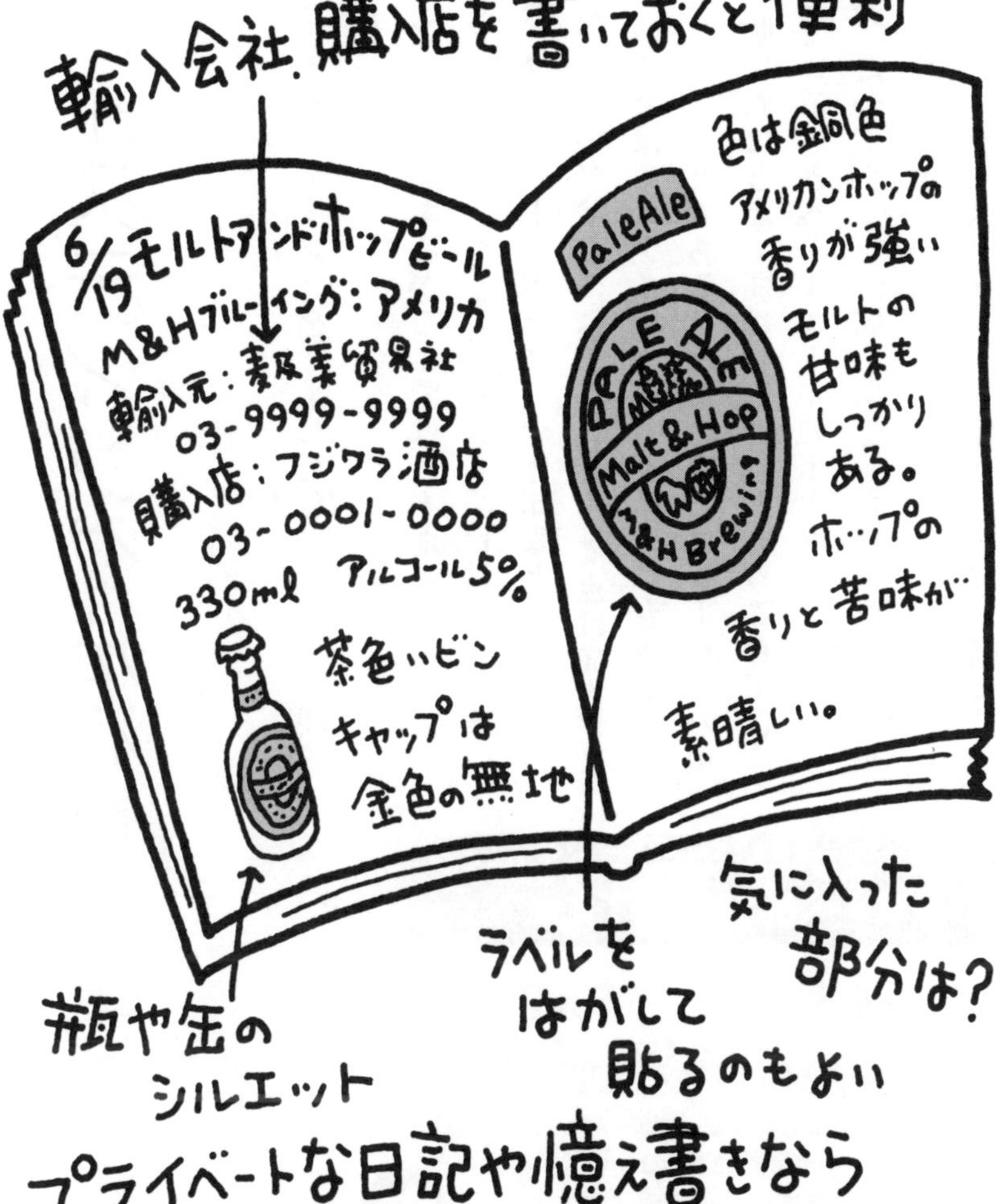
輸入会社、購入店を書いておくと便利
6/19モルトアンドホップビール
M&Hブルーイング：アメリカ
輸入元：麦及麦貿易社
03-9999-9999
購入店：フジワラ酒店
03-0001-0000
330ml アルコール5%
茶色いビン
キャップは
金色の無地
PaleAle
PALE ALE
Malt & Hop
M&H Brewing
色は銅色
アメリカンホップの
香りが強い
モルトの
甘味も
しっかり
ある。
ホップの
香りと苦味が…
素晴しい。
気に入った
部分は？
ラベルを
はがして
貼るのもよい
瓶や缶の
シルエット

プライベートな日記や憶え書きなら
個人的な好みや感想で充分だ

客観的なテイスティング法を覚えよう

個人的な感想や主観的なテイスティングを卒業したら、今度は客観的なテイスティングに挑戦したい。

いろいろなテイスティング方法があるがここでは日本地ビール協会公認のビアテイスターがおこなうビア・ジャッジ法を参考にしたい。

ビールをアロマ、外観、フレーバー、ボディ、全体印象という5項目で評価する。それぞれの配点は左のページに載せておく。満点は50点だ。

ここで注意しておきたいことは〝スタイルガイドラインに合致しているかどうか?〟が問題だということである。たとえば、フレーバーの項目の〝ホップ3点〟は、強ければ3点で弱ければ0点ということではない。ホップがしっかりしているべきペールエールのホップ・フレーバーは〝強ければ満点の3点〟だが、ホップが弱くあるべきブラウンエールのホップ・フレーバーは〝強ければ0点〟である。

このように、客観的なビア・テイスティングをするためには各ビールの種類における基準となる味や香りを知っておく必要がある。

テイスティングに必要なものは?
注意すべき点はなんですか?

まず、透明で無味無臭のグラスが必要だ。テーブルは白いクロスが敷かれていることが望ましい。口を洗う水も必要だ。パンや無塩クラッカーで口直しをする人もいるが、水が一番いいと思うよ。テイスティング30分前からは辛い食べ物、タバコ、ミント、コーヒーなどを口にしない。香水や香りの強い化粧品も御法度だ。

（テイスティングシート）

Japan Craft Beer Association
日本地ビール協会

日本地ビール協会 ビア・スコアシート

＊このスコアシートは、ビアテイスターが自己のテイスティング能力を高めるために使用するものであり、各メーカーのビールの評価を決定するものではありません。
＊各自でテイスティングを行い、記入したスコアシートはファックス、もしくは郵送で協会に提出してください。
＊講習会、試験以外で提出されたスコアシートは、協会で採点し、エキスペリアンス・ポイントの対象とします。
＊採点したスコアシートは返却いたしません。必要に応じて、各自コピーをおとりください。

会員番号＿＿＿＿＿＿　氏名（ビアテイスターのランク）＿＿＿＿＿＿＿＿（　　　　　　）

ビアスタイル名（各自の評価したいスタイル）＿＿＿＿＿＿＿＿＿＿＿＿

アストリンジェント
収れん味。ドライで、頬をすぼめたくなる渋味。
アセトアルデヒド
未完熟なリンゴのアロマ。
アルコール臭
エタノール、または高アルコールによる結果として感じられる喉に刺激を与えるアロマとフレーバー。
イースティ
酵母の臭い。
硫黄臭
腐った卵やマッチを擦った時のような臭い。
エステル／フルーティー
バナナ、梨などに近いフレーバー。
酸化臭
濡れた段ボールのような紙臭さや腐った野菜、シェリーのような臭い。酸っぱみ、いがらっぽさ、苦味とともに顕著にあらわれる。
酸味／酸っぱみ
酢やレモンなどに感じるアロマとフレーバー。
スカンキー
日光臭。日光に当たることで生じる独特な刺激臭。
DMS
コーンや茹でたキャベツのようなアロマやフレーバー。
ダイアセチル
バターのようなアロマとフレーバー。
ビター
ホップから感じられる味覚。舌の奥で感じる。
フェノール臭
バンドエイド、薬品のようなアロマやフレーバー。
メタリック
金属、コイン、血液のような味。
溶剤臭
アセトンやラッカーシンナーのような臭い。
イソバレリアン酸
古くなったホップによるチーズのような臭い。

ビールのブランド名（銘柄）＿＿＿＿＿＿＿＿

製造会社名（製造国）＿＿＿＿＿＿（　　　　）

最高点数

アロマ（ビアスタイルに準拠のこと）　10＿＿＿
モルト（3）　ホップ（3）　その他（4）
コメント＿＿＿＿＿＿＿＿

外観印象（ビアスタイルに準拠のこと）　6＿＿＿
色（2）　透明度（2）　泡もち（2）
コメント＿＿＿＿＿＿＿＿

フレーバー（ビアスタイルに準拠のこと）　19＿＿＿
モルト（3）　ホップ（3）　状態（2）
アフターテイスト（3）　バランス（4）　その他（4）
コメント＿＿＿＿＿＿＿＿

ボディ（ビア・カテゴリーに準拠のこと）　5＿＿＿
コメント＿＿＿＿＿＿＿＿

全体印象　10＿＿＿
コメント＿＿＿＿＿＿＿＿

トータル（50点満点）　50＿＿＿

ビア・コンペの審査員がおこなうテイスティング方法って?

客観的にビア・テイスティングができるようになったら、是非ともビア・ジャッジの資格取得に挑戦してみたいものだ。ビア・ジャッジとは文字通り〝ビールの審判〟であり、ビア・コンテストの審査員である。日本では日本地ビール協会が講習会と認定試験をおこなっていて、ジャパン・ビア・カップ、インターナショナル・ビア・コンペティションなどの国内大会はもとよりワールド・ビア・カップ、グレート・アメリカン・ビア・フェスティバルといった国際大会に日本代表として参加するチャンスもある。

審査の手順は、オフフレーバー(ビールにあってはならない香りや味)が強いビール、スタイルからはずれているビール、状態やバランスやアフターテイストに問題があるビールを除き、残されたもののなかから〝長所、魅力のあるビール〟を選んで、金銀銅賞とする。なお、1つのコンペティションにおける各部門の各賞は1銘柄であり、複数になることはない。ただし、基準を満たすビールがない場合は、該当なしとなる。複数のビールを客観的に短時間で評価していく能力が求められる。

審査会の審査方法をもう少し詳しく知りたいです

まず、ジャッジ(通常は1テーブルに数人)の前にビールが入った番号付きグラスが並べられる。同じ番号のグラスには同じビールが別室で注がれていてジャッジは銘柄を知ることができない。各ジャッジは独自にそれらのビールをテイスティングする。訓練されたジャッジはほぼ同じ評価を下すが、もしも意見が分かれた場合は全員が納得するまでディスカッションや再テイスティングをおこない、金銀銅賞のビールを選ぶ。

（主なオフフレーバー）

エステル…………バナナや洋梨のような香り。ヴァイツェンの場合は特徴として認められている。

ダイアセチル…………バタースコッチキャンディのような風味。エール、ボヘミアン・ピルスナーの場合は微量なら許されている。

DMS…………クリームコーン、煮た野菜のような風味。ライトラガーの場合は微量なら許される。

日光臭…………猫やスカンクなど動物のような臭い。紫外線に当たるとつく。

酸化臭…………濡《ぬ》れた紙や段ボールのような臭い。ビールの劣化、酸化によりおきる。

イソバレリアン酸…チーズのような臭い。ホップの劣化などによって生じる。

メタリック臭…………鉄、金属の臭い。醸造中の機材、缶や王冠などの破損や錆による場合が多い。

アストリンジェント…渋味。味というよりも口全体に残る不快な刺激。ホップの劣化などが原因。

味や香りの幅が広いビールは前菜からデザートまでオールマイティ

ビールだけでフルコースすべてを楽しむことだってできる。たとえばイタリアンならばこんな感じ。

前菜にブルスケッタを選んだとしよう。私なら、ヴィエナスタイルのビールを合わせる。メキシコのビール、ネグラ・モデロなんかいいねぇー。ローストモルトの香りが心地良いこのビールはトマトやパプリカと相性抜群だ。スパゲッティ・カルボナーラにはベルギーのペール・ストロングエール。デュベルが気分だ。ハイアルコール（9％）にもかかわらずシャープな喉ごしなので生クリームの濃厚さに負けない力がある。魚のソテーはスタウトやポーターとともに味わいたい。ギネスがいいな。甲殻類や貝類には特に合う。肉のグリルには苦みが効いたペールエールがいいだろう。ホップの効いたアメリカン・ペールエールはハーブとも相性がよく、パワーのある料理をさらに引き立ててくれるはずだ。

そして最後はドルチェ。パンナコッタをスコッチ・エールやオールドエールといったモルティービールで楽しみたい。チーズならベルギーのトリペルなんてのもいいかもしれないね。

ビールと料理のマリアージュって、どういう意味？

お酒と料理の組み合わせを選んでいくこと。本来、マリアージュとは結婚って意味なんだから、「相性がいいものを探す」って感じかな。その時、なにより大切なのが〝相手の魅力によってお互いがさらに素晴らしく光り輝く〟ようになるってこと。片方だけが特出するような亭主関白ぶりやカカア天下ぶりはダメだってことだ。1+1が2ではなく3にも4にもならないとね。男と女もビールと料理も素晴らしい組み合わせこそ、幸せってことだ。

リストランテKIORAでおこなわれた「常陸野ネストビールでフルコースを楽しむ会：蔵楽々会」メニュー。イタリアンの奇才、鵜野秀樹シェフとビア・コンテストの常勝ブルワリー、常陸野ネストビールのコラボレーションが2004年4月25日、麻布十番のリストランテKIORAでおこなわれた。ネストビールと藤原ヒロユキビールの6銘柄に合わせ、鵜野シェフが素晴らしい料理をマリアージュさせた。

メニュー

前菜：イタリア産チンタネーゼ豚の自家製ハムのサラダ仕立て、フレッシュトリュフ添え ……… ネストビール・ホワイトエール

最初のパスタ：イタリア・ピエモンテ産3年米と国産古代米、トレヴィスとペコリーノチーズのリゾット ……… ネストビール・レッドライスエール

2皿目のパスタ：冷製カルボナーラ仕立てのフェデリーニと軽くスモークしたコンソメジュレ ……… ネストビール・ジャパニーズクラシック

メイン（魚）：羽田産穴子とナスのタルト仕立て、紅茶風味のバルサミコソース ……… 藤原ヒロユキビール・キャスケードエール

メイン（肉）：北海道産アンガス牛のクローブの香り、赤ワイン煮込み ……… ネストビール・ニューイヤーエール

ドルチェ：温かいチョコのスフレ、オレンジの香り ……… 藤原ヒロユキビール・シアトル・エスプレッソ・ポーター

リストランテKIORA

〒106-0045 東京都港区麻布十番3-2-7
TEL: 03-5730-0240
姉妹店にエノテカKIORA、トラットリア・キオラ・ザ・フォーコがある。
http://www.kiora.jp/

日本のラガービールは和食に合わない!?

和風調味料の代表といえばやっぱり醤油だろー。

醤油には数々の旨味成分や香気成分が含まれているが、最も特徴的なものがメチオノールという硫黄化合物である。また、生魚にも、メルカプタンや硫化水素といった硫黄臭を発する物質が含まれている。

ってなんか難しい話だが、簡単に言っちゃうと「和食には硫黄臭が多い」ということだ。

そして、ラガー（下面発酵ビール）にもＤＭＳや二酸化硫黄といった硫化化合物が含まれることが多い。ってことは、刺身に醤油つけてラガー飲んだら、硫黄の３乗じゃん。うーん、なんかキビシそうでしょ。実は、和食にラガーはあまり合わないのである。

それに対して、エール（上面発酵ビール）にはＤＭＳなど硫化化合物が含まれることはほとんどない。だから生臭くならない。また、エールの持つフルーティーな香りやフランダース・レッドエールの乳酸香が醤油の持つ複雑な香味成分とよくマッチするから心地良いぃーんだな。だから、和食にはラガーよりエールのほうが合うんだよ、本当は。

醤油や生魚以外のものでも、和食にはエールのほうが合うの？

味噌も醤油と同じ効果が表れると考えていいぞ。味噌には酵母の残った南ドイツのヘーフェ・ヴァイツェンなんかがドンピシャだ。豆腐などの大豆製品もラガーとの相性がいいとは言えない。ビールのつまみに枝豆が定番のように言われているがこれまたラガーと合わせると青臭さが特出することがある。騙《だま》されたと思ってエールと合わせてごらん。ナッティなブラウンエールやフルーティーでスパイシーなベルジャン・ホワイトエールと枝豆のコンビは絶品だぞ。

(枝豆にブラウンエール)

枝豆にはラガーよりエールが合う
特にブラウンエールやホワイトエールは
相性がイイ!!
IMPO
ENGL
NEWCAST
BRO
BELGIAN WHITE
Hoegaard

チョコレートを囓りながらビールを飲もう

ビールのつまみといえば「辛いもの、脂っこいもの」と思われがちだが、それってビール＝ピルスナースタイルっていう狭い認識の発想だね。ビールというお酒は実に広い味と香りの守備範囲を持っていて、甘い食べ物に合うものも存在するのだ。

だいいち、酒好き＝甘いもの嫌いなんて誰が決めたわけ？　怪しげな店（とは限らないが）では頼んでもいないのにポッキーとか出てくるじゃない。甘いもの喰いながら酒飲んだっていいのである。

「でも、それってブランディーとかリキュールのつまみでしょ」って？　そーそー、だからブランディーやリキュールのようなフルボディで濃厚なビールを合わせればいいわけよ。

たとえばバーレイワイン。「ってワインじゃん」なんて言ったら笑われるぞ。バーレイ（大麦）からできた、ワインのようにアルコール感の高いビールの名称なのだ。実際にはアルコール度数8.4〜12％なんでワインほどってわけじゃないが、芳醇な味わいがまったりと官能的だ。チョコレートを囓《かじ》りながら飲むのには最高のビールである。

バーレイワインの他にも甘い食べ物と合うビールがあるの？

あるある。まずはベルギーのデュッベルというスタイルのビール。ロースト麦芽の香ばしさと甘味がしっかりしている。アルコール度数は6〜7.5％だ。イギリスのビールならインペリアル・スタウトなどもお薦め。麦芽の甘味とホップの苦味とエールらしいフルーティー・アロマが相まった奥深いビールである。アルコール度数も7〜12％とバーレイワインと肩を並べる。また、クリークといったサクランボを使ったビールはベリー系のデザートにバッチリだ。

（甘い食べ物に合うビール）

酒好きが
甘いもの嫌い
なんて
誰が決めた!
バーレイワイン
デュッベル
スタウト
クリーク
BEER
STOUT
チョコレート
ケーキ
ドライフルーツ
生クリーム
あんこ
キャラメル
メープルシロップ
果物
どっちも
大好き
相性も
イイよ

まずは同郷のマリアージュ。発祥の地を合わせる

ビールと料理のマリアージュ。その初級編は、さほど頭を使わないので気楽にやってみよう。

まずは、「国を合わせる」のだ。はやい話が、そのビールが生まれた国の代表的料理を合わせるってことだ。ビールはそれぞれ発祥の地があり歴史がある。その土地の水や気温といった環境が、生まれるビールのキャラクターを作ってきたんだね。そして料理も同じ。その土地で採れた食材や香辛料が伝統的な料理を生み出している。

たとえば、ドイツ生まれのジャーマン・ピルスナーにジャーマンポテトをマリアージュさせる。イギリス生まれのイングリッシュ・ペールエールをフィッシュ&チップスとマリアージュさせる。ぶっちゃけ合わないはずがない。だって、故郷が同じなんだから。生まれた時から知り合ってる仲だから。幼なじみのカップルみたいなもんで、ツーといえばカーって感じだ。しかし、つき合いが長い分やや刺激にかけるって気もするね。だからこそ初級編ってことかぁ。ま、初めの恋愛は初々《ういうい》しいほうがイイのかもね。

ベルギーのホワイトエール（ヴィット）にフレンチフライが合うって聞いたんですが、ベルギーとフランスでは国が違うんじゃないですか？

実は、フレンチフライってベルギー生まれなんだな。ベルギーではフランス語とオランダ語が使われているので誤解されたんだ。「細長くジャガイモを切って揚げた料理の作り方を教えてくれた人、フランス語を喋《しゃべ》ってたなぁ。きっとフランス人なんだ」ってことでフレンチフライと呼ばれるようになったわけ。ちなみにベルギーではフリット（フランス語）、フリテン（オランダ語）と呼ばれていてケチャップではなくマヨネーズで食べるのが定番だよ。

……（ビールの発祥国と料理を合わせる）……

	ビール	料理
ドイツ	ピルスナー シュバルツ ヴァイツェン ケルシュ	ジャーマンポテト、 アイスバイン、 フランクフルト・ ソーセージ、 ザワークラウト
ベルギー	ホワイトエール、 セゾン、 ランビック、 ベルジャン・ ストロングエール	フリテン、 ムール貝の ランビック蒸し、 ワッフル、 チョコレート
イギリス	ペールエール、 ブラウンエール、 バーレイワイン、 スコティッシ ュ・エール	フィッシュ& チップス、 ローストビーフ、 キドニー・パイ、 ハギス
アメリカ	アメリカン・ ライトラガー、 アメリカン・ ペールエール、 アメリカン・ アンバーエール	ハンバーガー、 ホットドッグ、 ニューヨークステーキ、 ボストン・ クラムチャウダー

淡色から濃色までビールにも料理にもさまざまな色がある

このマリアージュは、ワインなどでもよく使われる手法だ。淡い色のソースには白ワイン、濃い色のソースには赤ワイン。といった具合である。ビールの場合、ごく薄い麦わら色から真っ黒まで非常に幅広い色があるのでさらに細かく合わせていくことができる。

また、ビールの色はモルトの色によって決まってくるため、そのキャラクターが非常にわかりやすい。濃い色のモルトは薄い色のモルトより強く焙煎されているわけだからロースト香がしっかりしているわけだ。

たとえば、ブラウンエール。もちろん色はブラウン＝茶色だ。ならば茶色い食べ物が合うのか？　これが合うんですねぇー。クルミやアーモンドといったナッツ類に実によく合う。だって、モルトを茶色く焙煎する時に出る香ばしさ、ナッツのような香りでしょ。

赤みがかったウィンナーモルトを使ったヴィエナスタイルのビールはトマトソースと相性がいいし、初級で出てきたベルジャン・ホワイトとフリテンはどちらも淡い黄色である。色の濃いスコッチ・エールは鰻《うなぎ》の蒲焼《かばや》きとしっくり合うよ。

蒲焼きにスコッチ・エールのような組み合わせは他にありますか？

スコッチ・エールはタレの焼き鳥にも合う。麦芽の甘味と醤油ダレの甘味がマッチしてとても心地良いハーモニーだ。また、ドイツの濃色系ラガー、ドッペルボックも醤油ダレに合う。ラガー（下面発酵ビール）は硫黄臭が残りやすいため醤油と合いにくいって話をしたけど、ボックやドッペルボックといった高アルコールのラガーは、キャラクターが硫黄臭などのオフフレーバーをカバーしてくれるので大丈夫だ。モルト香も強いし、まったりとした濃厚さが濃口醤油とバランスよく調和するよ。

ビールと料理の色を合わせる

ビール

淡色

- ホワイトエール
- アメリカン・ライトラガー
- ケルシュ
- ランビック
- ベルジャン・トリペル
- ピルスナー
- オクトーバーフェスト
- ヴィエナ
- ペールエール
- アルト
- ブラウンエール
- デュンケル
- オールドエール
- スコッチ・エール
- シュバルツ
- ポーター
- スタウト

濃色

料　理（食材）

- ホワイトシチュー
- ホワイトアスパラガス
- うどん
- 白身魚
- 焼き鳥（塩）
- ジャガイモ
- 卵料理
- トンカツ
- ピザ
- ミートボール
- 焼き鳥（タレ）
- ボルシチ
- 鰻の蒲焼き
- チョコレート
- お汁粉
- イカスミ

まずは、ビールの中に潜んでいる味を知ることから

それでは、いよいよビールと料理のマリアージュを考える上級編に入っていこう。段階を踏んで説明していくからそんなに難しくないよ。まずビールの中にはどんな味が潜んでいるか？　を探《さぐ》ることだ。

最も中心となるのは苦味と甘味である。「甘味？」と思う人も多いだろうが、ビールが何からできているか思い出して欲しい。ホップと麦だ。ホップからは苦味、麦からは甘味が生まれてくる。日本のビールは甘味を感じさせるものが少ないので忘れがちなのだが、麦のデンプンが糖に変化し、それをイーストが食べてビールができる。イーストは麦汁内の糖分をすべて食べつくすわけではないので、甘味は残糖としてビールの中に残っているわけだ。

続いて酸味。ベルギーのランビックやフランダース・レッドエールのように酸味のあるビールもある。ベルリンスタイルのヴァイスビールなどはレモンの絞り汁のような強い酸味が特徴だ。他にも、スパイスビールなど辛みや刺激のあるビールもあるぞ。

ビールはこれらの味が複雑に絡み合ってできている。

潜んでいる味を探るって、なんか難しそうなんですが……

難しく考えず、自分の知っている味や香りに置き換えてみよう。「この甘味、なにかに似てるなぁ。どこか他で味わったことがあるぞ」と記憶の引き出しを開けていこう。「みずみずしい果物のような感じ。そー！　洋梨だ」といった感じで思い出すはずだ。また、気取った表現をする必要もないぞ。「この香りは……、麦焦がしだ」でいいよ。鼻と舌の記憶をフル稼働して感じよう。

個人的な香りの記憶

バナナ
洋ナシ
ナッツ
グレープフルーツ
オレンジ
チョコレート
スパイス・ハーブ
キャンディ
キャラメル
チェリー
甘酒
こうじ
紅茶
ブラウン
シュガー
コーヒー
バラ
刈り草
ビールに潜む
さまざまな
香りや味を
さぐりだす。
まずは
自分の
知っている
匂いから
連想しよう。

味同士の相関関係を知ると手がかりが見えてくる

ビールの味がわかったら、今度は味同士の相関関係を考えてみよう。まずは、甘味と苦味。これはお互いが相手の魅力を消すことなくまろやかに調和する関係である。たとえば、エスプレッソ・コーヒーと砂糖。砂糖を入れると苦味に弱い人でも飲みやすいでしょ。また、苦味のおかげで、甘いものが得意でない人も楽しめるはずだ。ま、甘味と苦味の相性のよさはビール自体が証明してるけどね。

酸味と甘味も相手の魅力を引き立て合いながら調和する関係だ。レモンスライスのはちみつ漬けを思い出して欲しい。部活の時に食べなかった？　レモンだけ、はちみつだけってのはちょっと厳しいけど、一緒ならＯＫだったよな。甘酸っぱいってイイ響きだし。

塩味と甘味は、塩味が姿を隠し甘味を引き立てる関係にある。お汁粉に塩を入れると甘さが増す感じするでしょ。あれよあれ。

辛味や渋味は、口全体で感じる刺激。これは甘味によって緩和される。ウォッカなどガツンとくる強いアルコールだって甘い果汁とカクテルにするとすんなり飲めちゃうはずだ。ン？　それってちょっと危険？

味の相関関係は甘い、酸っぱい、苦い、辛い、塩辛い、渋い以外もあるんですか？

旨いという味があるよ。旨味だね。これはかつお節などのイノシン酸、シジミなどの貝に多く含まれるコハク酸、昆布のグルタミン酸、干しシイタケのグアニル酸といったものだ。ただ、旨味に関しては口のどの部分で感じているのかすら解明されていない神秘の味覚だ。また、ダシは昆布とかつお節を合わせるとさらに旨味が増すように、それぞれが二重三重の相関関係を持つ。複雑だね。

味同士の相関関係

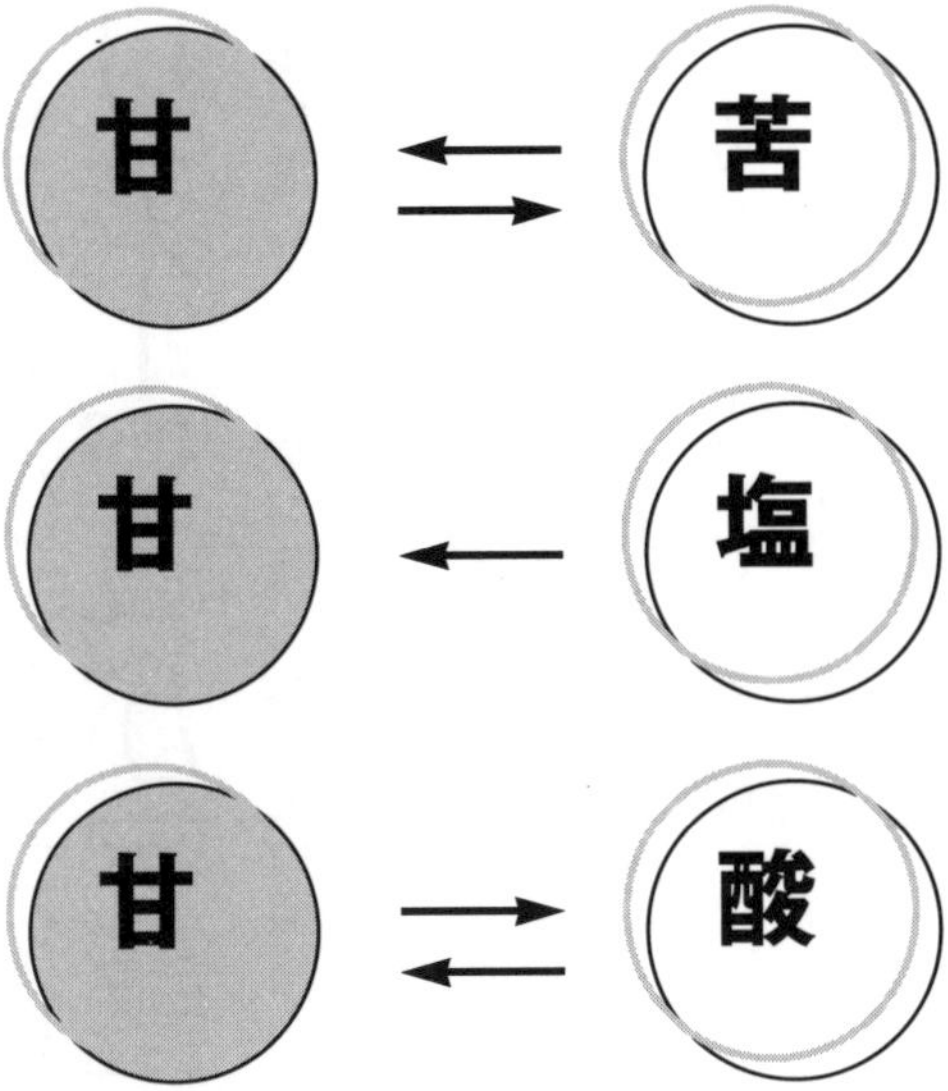

エスプレッソの
甘苦い論理

お汁粉の
甘味がUPする論理

ハチミツレモンの
甘酸っぱい論理

マリアージュ〈上級その第3段階〉

味と香りの相乗効果でビールと料理のマリアージュが完璧に

ビールに潜んでいる味、味と味同士の関係がわかったかな？　ならば、ビールと料理のマリアージュがもー完璧にできるんじゃない？

たとえば、甘味のある料理には？　苦味がしっかりしたビールまたは酸味のあるビールを合わせてみればいい。よく炒めたタマネギの甘味に苦みの効いたペールエールなどはどーだろうか？　酸味のあるフランダース・レッドエールやランビックなどもいいだろう。

チーズや干物といった塩けのある肴《さかな》はモルトの甘味を引き立ててくれる。オールドエールをチビチビやるなんてのがオツだね。塩辛や古漬けのタクアンなどもいいかもね。モルトの馥郁《ふくいく》たるキャラクターがいっそう引き出され、至福の時を味わえることだろう。

また、香りの相乗効果を楽しむのも悪くない。スパイシーな香りがするドイツ産のホップが効いたビールには、香辛料を使った料理がよく合うし、ハーブっぽい香りのイギリス産ホップのビールにはチキンの香草焼きなどが合うぞ。グレープフルーツのようなアメリカンホップの香りには、柑橘系のドレッシングがピッタリだね。

味や香りの相乗効果以外にも気をつけることってありますか？

あるある。季節感や飲む場所や相手によって組み合わせはGoodにもBadにもなるよ。ピルスナーに枝豆って組み合わせも本来はあまりよくないんだけど、風情としてはGoodだよね。風呂上がりに冷えたビールと枝豆とナイター中継。お父さんの定番だ。バーレイワインは寒い冬の夜に暖炉の前で恋人同士がイチャイチャしながら飲んでもらいたいし。おやじ同士でバーレイワインってのもねぇ……。旨いからいいか。

（相乗効果を楽しむ）

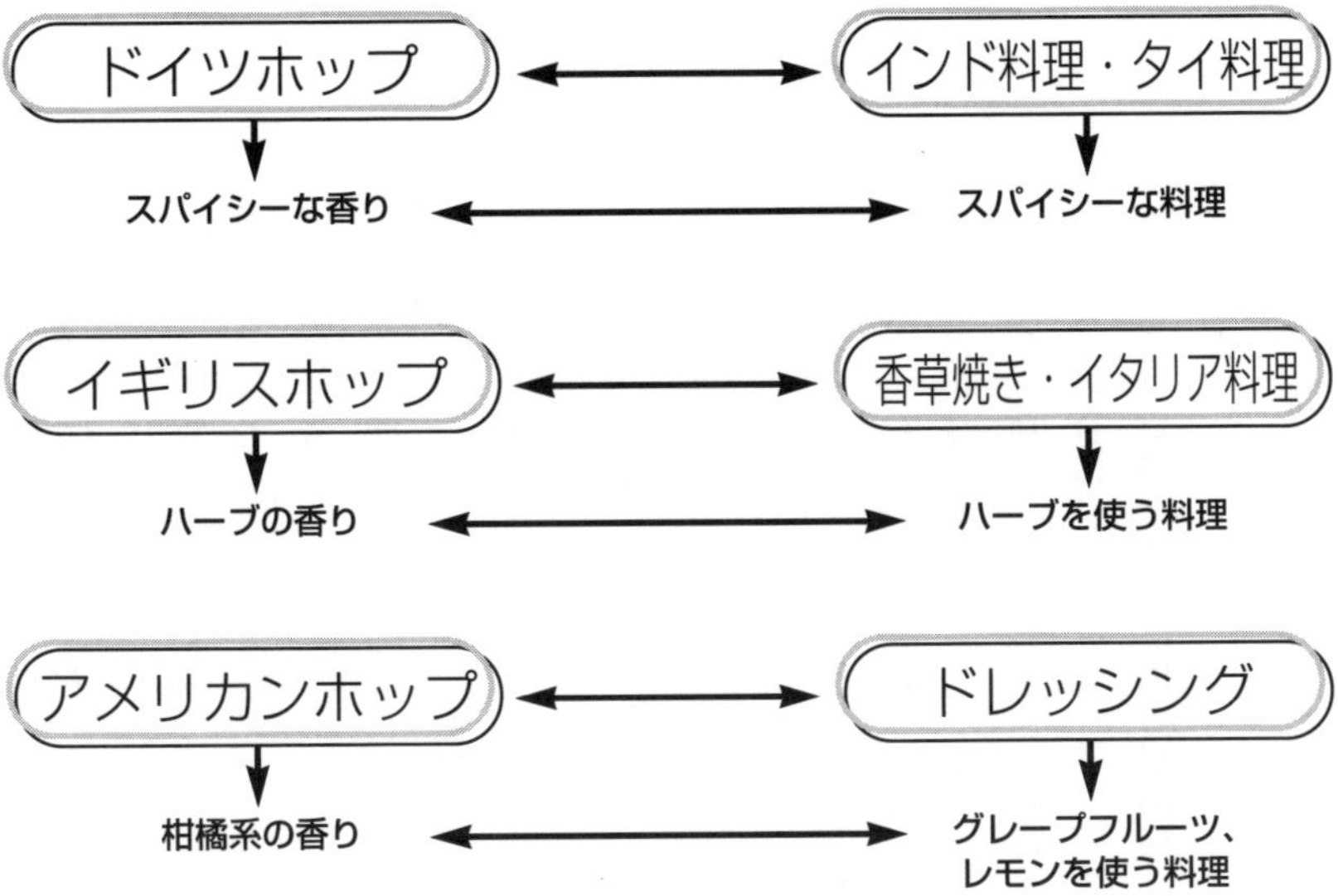
ドイツホップ
インド料理・タイ料理
スパイシーな香り
スパイシーな料理
イギリスホップ
香草焼き・イタリア料理
ハーブの香り
ハーブを使う料理
アメリカンホップ
ドレッシング
柑橘系の香り
グレープフルーツ、
レモンを使う料理

塩辛や漬け物の塩気が
馥郁としたモルトの甘味を
心地よく引きだしてくれる。
和洋融合の
マリアージュだ。
Scot
Ale

COLUMN

こんな店ではビールを買うな

ビールを買う際、いくつか注意したい点がある。
まず、ビールは光に弱い。光に当たるとホップが化学変化を起こし悪臭（スカンキー＝スカンクのようなと表現される）を放つ。ビールを透明グラスに注ぎ15分も日向《ひなた》に置けば見事（？）にスカンキーだな。ビールは光の影響を受けにくい茶色い瓶に入っていることが多いが、それとて完全ではない。長く光に当たるとスカンキーになる。

さらに、高温にも弱い。温度が上がるとビールは劣化していく。25～30℃あたりを境目にビールは急激に酸化していくぞ。

ってことは、日の当たる暑い店先に平気でビールケースを並べているような店では買わないほうがいいってことだ。ヤバイよ。

また、一般的なビールは、できるだけ早く飲んだほうがいいから、製造年月日が若いビールを選ぼう。

ただし、瓶内二次発酵や瓶内熟成させるビールはこの限りではないぞ。場合によっては古いほうが味がこなれてイイものもある。とは言え、高温で明るい場所での保存は避けるべし。12℃前後がベストだ。

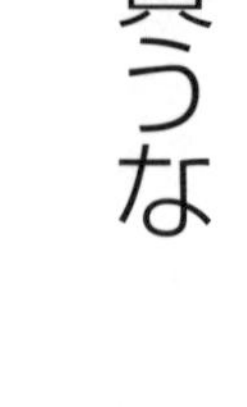

Q 瓶内二次発酵ビールってどんなビールなんですか?

A 酵母を濾過しない、瓶詰めの時に新たに酵母を加える、プライミングシュガーなど酵母が食べられる糖を瓶内に加える、といった方法で瓶内で二次発酵がおこなわれるビールだよ。ベルギーやイギリスのアルコールしっかりめのビールに多いね。ボトルコンディションとかセカンダリー・ファーメンテーション・イン・ザ・ボトルといった言葉をラベルに見つけたらアタリ！買いだよ。上手く保存して育ててみたいね。

第5章

「ビールのつまみ＝辛いもの、脂っこいもの」にはもーウンザリ

ビールのさまざまなスタイル、そして料理とのマリアージュを覚えたあなた、「ビールに合う料理を自分で作ってみたい」と思い始めてるんじゃないだろうか？　そのヒントになるレシピをビールのスタイルごとに紹介してみたい。ビールを使った料理も登場するぞ。

ピルスナー

ピルスナーはチェコからドイツにかけてが本場のビールである。特徴はヨーロッパ産ホップのスパイシー・アロマと上品な苦味だ。そしてスッキリとしたシャープな口当たり。何を合わせるか？　手がかりはまず「国」である。ドイツといえば……。ジャーマンポテト、ソーセージ、ザワークラウトなどだね。ならばジャガイモと豚肉加工製品とキャベツでいこう。味の相関関係的にもホップの苦味がキャベツの甘味と合うよ。シャープな飲み口はマヨネーズやマスタードとも相性がいい。

料理に合う究極の1本!

サントリー・ザ・プレミアムモルツ

間違いなく日本一のピルスナー。世界屈指のピルスナーと言っても過言ではない。ヨーロッパの人々はこのビールが日本で醸造されたことに驚きを隠せないだろう。驚愕を通り越し戸惑いと嫉妬《しつと》を覚えるに違いない。麦芽の芳醇さとホップの素晴らしい香りを楽しみたい。

http://www.suntory.co.jp/beer/premium/index.html

キャベツとジャガイモのベーコン蒸し焼

火の通ったキャベツの甘味はホップの苦味とベストマッチ

材料（4人分）

キャベツ1個、ジャガイモ（小）5〜8個、ベーコン8枚、ブイヨン200㎖（または水200㎖にインスタントの固形のスープの素1個）、ピルスナー20㎖

この料理はダッチオーブンと呼ばれる鉄鍋で作ると最高に旨い。土鍋でも同じように作れる。もちろん、普通の鍋でもできる。その場合はちょっと時間が長めになるけどね。

1. キャベツは玉を芯が残るように縦4等分に切る。大きい玉の場合は6等分でもいい。
2. キャベツの半分を切り口が上になるようにダッチオーブン（鍋）に入れる。
3. ベーコンの半分をキャベツの上に並べる。鍋との隙間《すきま》に皮つきのジャガイモを入れる。
4. 残り半分のキャベツを切り口が下になるように並べる。
5. 残りのベーコンをキャベツの上に並べ、ブイヨンとピルスナーを加える。
6. 蓋をして加熱。湯気が出はじめたら弱火にして30分蒸し焼にする。

◆そのままでも旨いが、食べる際に各自が岩塩やマスタードで好みの味にするのも楽しい。

新ジャガのマヨネーズあえ

マヨネーズ・マスタードの刺激がスパイス香のホップと相性抜群

材料（4人分）

新ジャガイモ（ゴルフボールくらいのもの）12〜15個、マヨネーズ大さじ3、粒マスタード大さじ1、塩・コショウ各少々、刻んだパセリまたはアサツキ適量

1. ジャガイモを洗う。皮は剥《む》かない。
2. ジャガイモを茹《ゆ》でる。根菜は水から茹でるのが基本。
3. マヨネーズと粒マスタードを混ぜてドレッシングを作る。塩とコショウで味を調《ととの》える。
4. ジャガイモに竹串がスッと通るぐらいになったら、茹であがり。
5. 茹であがったジャガイモにドレッシングを絡める。
6. 刻んだパセリやアサツキを散らす。

シュバルツ

シュバルツとはドイツ語で「黒」という意味だ。これが本当の正真正銘の黒ビールである。下面発酵らしく、雑味がなくシャープな喉ごしの中にローストモルトの風味が香る。

ドイツといえばアイスバインなど豚肉の料理が有名だ。また、黒っぽい料理との相性もいい。鶏のモツを使ってみよう。ローストモルトの芳ばしさがモツの臭みを緩和してくれる。また、ビール自体を調味料にすることによって、肉を柔らかく煮ることもできる。

料理に合う 究極の1本!

ケストリッツァー・シュバルツ

シュバルツってどんなビール？　と訊《き》かれたら、黙ってこのビールを差し出すべし。シュバルツとして右に出る者なしだ。すべての条件を満たしたシュバルツである。ロースト麦芽の魅力がとてもよいシャープな黒ビールだ。

豚肉のビールマリネソテー

甘味のあるタレがローストモルトに絡む

マリネのつけ汁でソースをつくる

材料（2人分）

豚肉（トンカツ用。ロース）240g、オレンジ1個、ハチミツ大さじ1、オリーブオイル大さじ1、マーマレード大さじ1、シュバルツ大さじ2

1. オレンジ1個を絞ってジュースにする。
2. ジュースにハチミツ、オリーブオイル、マーマレード、シュバルツを加え、その中に豚肉を漬けて30分〜1時間おく。
3. 豚肉を取り出し、表面の汁けをペーパータオルで拭き、フライパンで焼く。
4. 肉の両面に焼き色がついたらフライパンから取り出し、バットの上にのせた網に取り置く。
5. フライパンに漬け汁を流し込み煮詰める。
6. 漬け汁にとろみが出たら肉を戻し、絡める。

鶏モツのトマト煮込み

ビールを使えば、硬いモツも柔らかく煮込める

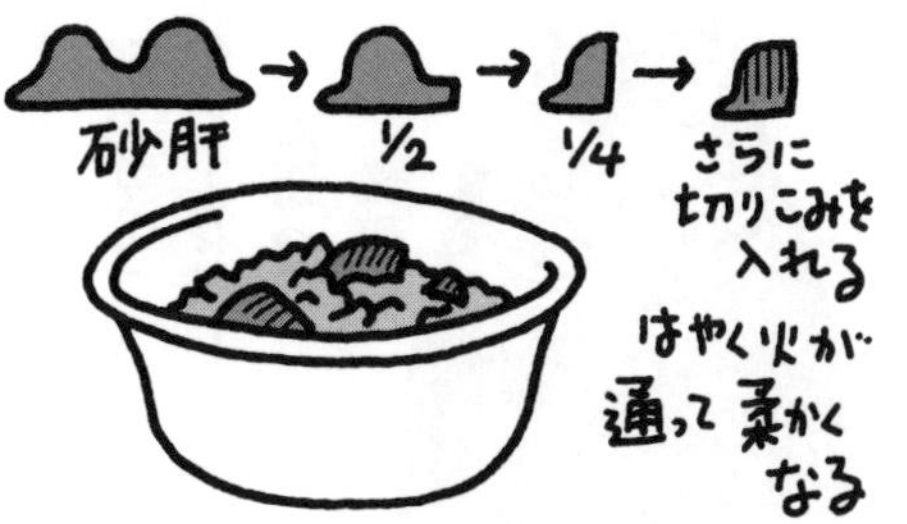
砂肝
1/2
1/4
さらに切りこみを入れる
はやく火が通って柔かくなる

材料（2人分）

砂肝200g、鶏挽肉120g、オリーブオイル50㎖、トマト3個、ニンニク1片、塩・コショウ各少々、乾燥ハーブ（タイム、オレガノ、バジルなど好みで）適量、パルミジャーノ（粉）適量、チキンスープストック40〜50㎖（インスタントの固形スープの素で作ったもので可）、シュバルツ大さじ2

1. 砂肝は4つに切り分けたあと、3〜5mm間隔に切り込みを入れる。
2. 鍋にオリーブオイルを入れ、潰して芽を取ったニンニクを入れて火にかける（空《から》焚《だ》きせず、まずオイルとニンニクを入れてから火をつける。鍋を斜めにして、ニンニクを揚げる感じにする。ニンニクが柔らかくなったら取り出し、フォークの先で潰して取り置いておく）。
3. ニンニクの香りがついたオイルで砂肝と挽肉を炒める。
4. トマトは湯剝きして種を取り、ザックリと刻んでおく。
5. 砂肝と挽肉の表面が色づいたら、トマトを入れる。ニンニクを戻す。
6. スープとシュバルツを入れる（トマトの量によってスープの量は変わる。全体がヒタヒタでシャバシャバするぐらい）。
7. 塩、コショウ、ハーブで味を調える。
8. 砂肝が柔らかくなるまで煮込む。40〜60分（圧力鍋やダッチオーブンの場合は短くなる）。
9. 器に盛り、パルミジャーノをふる。

◆チキンスープストックは鶏ガラ1羽分をヒタヒタの湯（ネギの青い部分1本分とショウガひとかけを潰したもの、ニンニク2〜3片を潰したものを入れる）で煮るだけでできる。冷凍保存可能。

ボック

ボックはドイツのハイアルコール・ラガーである。アルコール度数は6～8％、なかには14％なんてのもある。

麦芽風味がしっかりと効いていて、ミディアムからフルボディのまったり系ビールだ。また、下面発酵ビールにしては珍しく、フルーティーな香りもある。甘い、酸っぱい、甘酸っぱいといった味と相性がいい。

エンゲル・ボック

陶器のボトルと開栓後も気が抜けないキャップは古典的イメージ。ビジュアル的にもかわいく人気の商品だ。綺麗なゴールデンカラーと麦芽の豊かさ、さらにアルコール感もあり飲みごたえがある。

料理に合う究極の1本!

パオラネル・サルバトール

日本ではやや入手しづらい銘柄だが、芳醇で香ばしいロースト麦芽の魅力がしっかりとしたドッペル（ダブル）ボックの好例である。輸入ビールフェアなどで見つけたら即買いすべし。

長ネギとリンゴのソテー

付け合わせによし、つまんでチビチビ飲むもよし

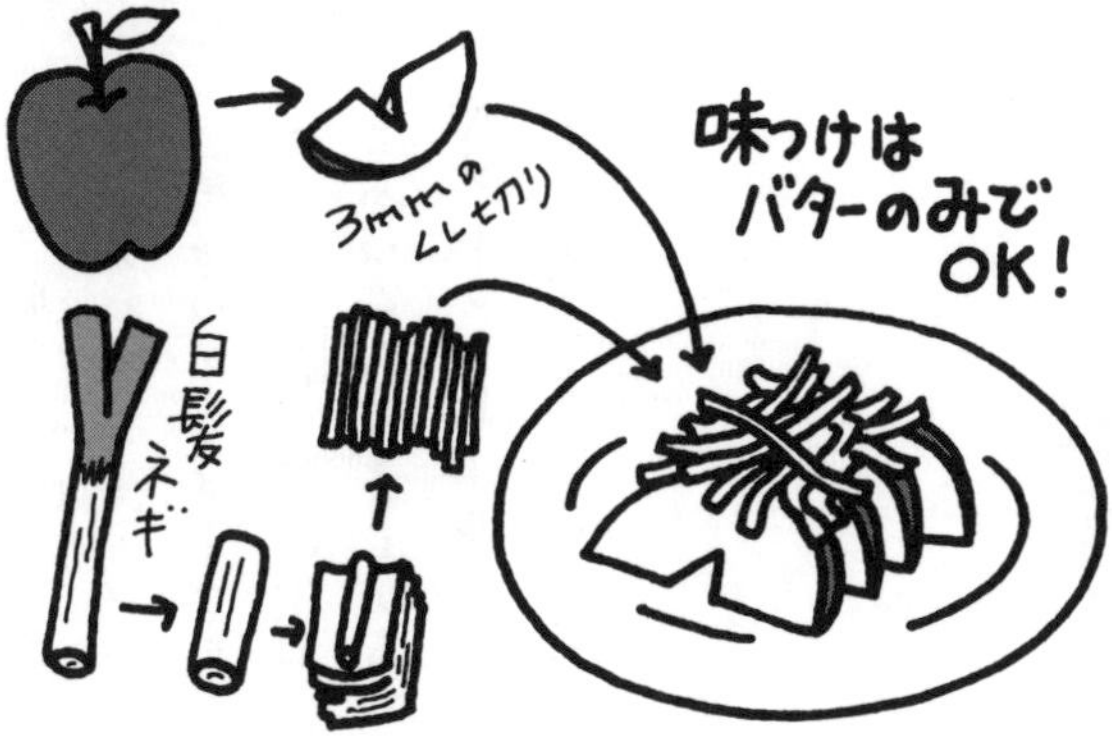

3mmの
くしセ切り
味つけは
バターのみで
OK!
白髪ネギ

材料 (2人分)
ネギの白い部分1/2本分、リンゴ1個、バター小さじ1

1. 長さ6cmぐらいの白髪ネギを作る。
2. フライパンにバター小さじ1/2を溶かし、ネギが柔らかくなるまで炒めて、取り出して置いておく。
3. リンゴを厚さ3mmの櫛形《くしがた》切りにスライスする。皮は剥かず、芯は取る。
4. フライパンにバター小さじ1/2を溶かし、リンゴが柔らかくなるまで炒め、ネギを戻し、全体を混ぜる。

山芋の梅肉あえ

とってもシンプル、とっても簡単そしてなにより、とっても美味

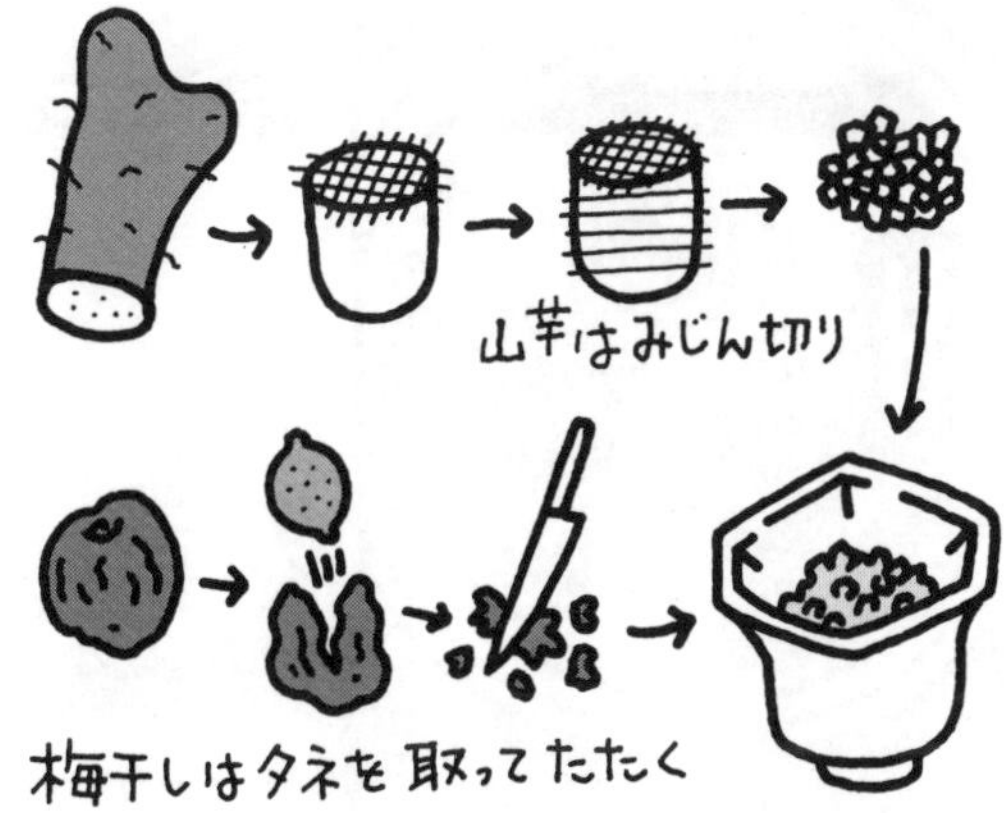

山芋はみじん切り
梅干しはタネを取ってたたく

材料 (2人分)
山芋100g、梅干し1個、ボック少々

1. 山芋は皮を剥き、微塵切りにする。適当に大きさが違うほうが食感が変わってよい。
2. 梅干しの種を取り、梅肉を叩《たた》く。
3. 山芋に梅肉を絡ませる。ボックを少したらすと絡みやすい（ドッペルボックは色が濃いため、料理全体の色を変えてしまうので注意。ヘレスボックがお薦め）。

ベルジャン・ホワイト

ベルギーのホワイトエールの特徴は、バナナやバニラのようなフルーティー・アロマ、コリアンダーやオレンジピールのスパイシー・フレーバーだ。バナナのような香りは甘い焼き菓子やメープルシロップに合う。また、ホットケーキなど焼き菓子の生地にホワイトエールを入れるとフワッとふっくら焼き上がるので食感もよくなる。コリアンダーやオレンジピールの香りはスパイシーなエスニック料理の味わいも引き立ててくれる。

料理に合う究極の1本!

ヒューガルデンホワイト

ベルジャンスタイル・ホワイトエールの基本となるビール。一時は消えかけていたこの伝統的スタイルを復活させた功績は大きい。コリアンダー、オレンジピールの香りが素晴らしい。個性的でなおかつ飲み飽きない風味はバランスのなせる技である。

ホットケーキ

ホットケーキにビール 子供心を忘れない大人達の午後

材料（2人分）
ホットケーキミックス、卵、ホワイトエール少々、バナナ1本、バター少々、好みでメープルシロップやホイップクリーム適量

1. ホットケーキミックスのパッケージの表示に従い生地を作る（水＋ホワイトエールが表示の水の量になるようにする）。
2. バナナを厚さ1cm弱の輪切りにする。
3. フライパンにバターを溶かし、ホットケーキ生地を流し込む。
4. 表面に輪切りのバナナを並べる。
5. 片面が焼けたら、ひっくり返す。このとき、下になったバナナが焼ける。
6. 両面焼けたら、器にバナナの面が上になるように盛る。好みでメープルシロップやホイップクリームを飾る。

鶏とベビーコーンの甘酢あんかけ

コリアンダー＋コリアンダーの魅力を楽しもう

材料（2人分）
鶏モモ肉200g、ベビーコーン4～6本、甜麺醤《テンメンジャン》小さじ2/3、オイスターソース小さじ2/3、醤油小さじ1と1/3、ホワイトエール小さじ1と1/3、ハチミツ小さじ2/3、コーンスターチ小さじ1と1/3、コリアンダー（パウダー）少々、ゴマ油小さじ2/3、ショウガみじん切り小さじ1/2、ニンニクみじん切り小さじ1/2、ピーマン2個、いりゴマ適量

1. 甜麺醤、オイスターソース、醤油、ホワイトエール、ハチミツ、コーンスターチ、コリアンダーをボウルで混ぜる。
2. 鶏肉は食べやすい大きさに切る。
3. フライパンにゴマ油をひき、鶏肉を炒める。全体に火が通ったら、フライパンから取り出して置いておく。
4. フライパンでショウガ、ニンニクを30秒ほど炒め、千切りにしたピーマンとベビーコーンを加え、3分ほど炒める。
5. 初めにボウルで混ぜておいたタレを入れ、鶏を戻し、1～2分加熱する。
6. 器に盛りゴマをふる。

ベルジャン・ペール・ストロングエール

ベルギーのペール・ストロングエールはフルーティーでアルコール度数も高くリッチな飲みごたえのビールだ。色は薄いゴールドなので、ホワイトソースや鶏肉といった色の淡い食材に合わせよう。キノコや白身魚にもピッタリだ。さらにフルーティー・アロマは果物を使った料理とも相性がいい。パイナップルやプラム、リンゴなどと合う。となれば牛肉よりも豚肉だ。ロースハムは一度茹《ゆ》でることによって適度な柔らかさになり、アイスバインのような食感になる。

料理に合う究極の1本!

デリリュウム・トレーメンス

ピンクの象が描かれたかわいいラベル。女性ファンも多い。が、デリリュウム・トレーメンスは「アルコール依存症患者の震え」という意味。ピンクの象もアルコール依存症患者の幻覚を表している（他に描かれている踊るワニや月のまわりを飛ぶ竜も幻覚だ）。フルーティーなアロマと綺麗な泡。ハイアルコールなのにそれを感じさせない飲みやすさは危険？　なのか……。

チキンとキノコのクリーム煮

見かけは色白のまったり系だが、ビールに負けないハードパンチャー

材料（2人分）
鶏モモまたはムネ肉250g、キノコ（シイタケ、シメジ、舞茸、エリンギなど好みで）適量、ベシャメルソース（小麦粉大さじ3と1/2 、牛乳1と1/3カップ、バター大さじ2）または市販のホワイトソース250㎖、チキンスープストック（P.149参照）またはブイヨン1カップ、ペール・ストロングエール大さじ1、オリーブオイル適量、塩・コショウ各適量

1. 鶏肉とキノコを食べやすい大きさに切る（鶏の皮は好みにもよるが取ることをお薦めする）。
2. ベシャメルソースを作る。鍋にバターを溶かし、小麦粉を入れて混ぜる。ルー状に固まったら人肌に温めた牛乳を少しずつ入れては混ぜるを繰り返す。
3. 別の鍋にオリーブオイルをひき、鶏とキノコを炒める。塩、コショウで味付けする。
4. 鶏に焼き目がついたら、チキンスープストックとペール・ストロングエールを入れて中火で加熱する。
5. ベシャメルソースを加えて煮立つ寸前で弱火にして煮込む。プラムなどのドライフルーツを入れても旨い。

ロースハムとパイナップルのソテー

茹でて焼く。適度な柔らかさがパイナップルによく合う

材料（2人分）
ロースハム300g、パイナップル（缶詰輪切り）4枚、オリーブオイル適量

1. ロースハムを厚さ2〜3cmに切り、茹でる。ダッチオーブンならば20分、普通の鍋ならば30〜40分程度茹でる。竹串がスッと通るようになればOK。
2. フライパンにオリーブオイルをひいて、ハムを焼く。両面に焼き色がついたら出来上がり。皿に盛る。
3. フライパンでパイナップルを焼く。両面に色がついたらハムの上にのせる。

◆味付けは不要。ハムの旨みとパイナップルの甘酸っぱさで充分。好みでコショウをふる程度。

ペールエール（イングリッシュスタイル）

イングリッシュスタイル・ペールエールは英国産ホップの香りと苦味が印象的だ。英国産ホップの香りは「ハーブや刈り草のような」と表現される。ってことはハーブを使った料理がピッタリ合うはずだ。香りの相関関係だね。さらには、ホップの苦みは滋味があふれる野菜と相性がいい。同じ種類の味を合わせ、お互いを引き立てるという相関関係だ。菜の花や春菊、明日葉といった野菜がお薦めである。春にはタラの芽、ウドなどもいいだろう。

料理に合う究極の1本!

アボットエール

伝統的なイギリスのエール。フルーティーなエステル香とホップ、さらにはモルトのキャラクターがバランスよくハーモニーを奏でる。生もよし、缶入りもよし。英国紳士を気取るには最良の一杯。グビグビいかずチビチビやりたい。

菜の花のパスタ

心地良い苦味には清々《すがすが》しい苦味

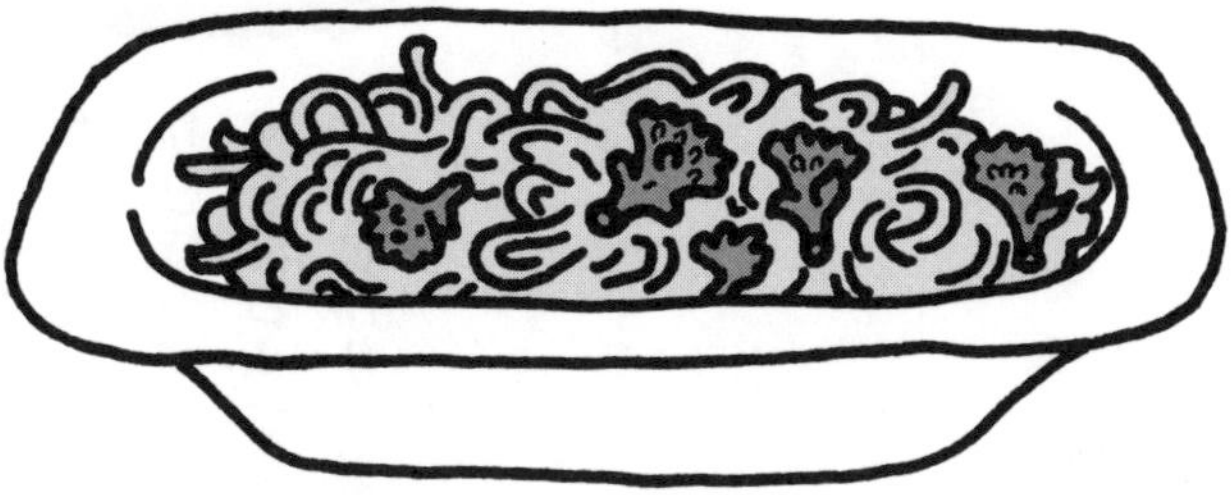

材料（2人分）

パスタ（スパゲッティ）200g、ニンニク1片、菜の花5〜6本、ニンジン1/3本、オリーブオイル適量、ペールエール小さじ1、塩適量

1. 菜の花は茎と花の部分に切り分ける。
2. 鍋に塩分1％ほどの濃さの湯を沸かし、パスタを茹で始める。
3. フライパンにオリーブオイルを入れ、潰して芽を取ったニンニクを加えて火にかける。オイルに香りが移ったらニンニクは取り出して置いておく。
4. 微塵切りにしたニンジンと菜の花の茎の部分を炒める。
5. フライパンにパスタの茹汁を加える。水分が蒸発したらまた加える。常に軽く水けがある状態にしておく。
6. パスタの茹であがり2分前になったら、フライパンに菜の花の花の部分を加え、ニンニクを戻す。
7. 茹であがったパスタを湯からあげて、フライパンに入れ、ペールエールを加え、パスタソースと絡める。

◆器に盛り、EXバージンオリーブオイルをかけ、好みの分量のパルミジャーノをふる。

鶏皮のパリパリハーブ焼き

油不要。せんべいのようにパリッと焼くのがコツ

材料（2人分）

鶏皮（ムネ肉1羽分）、乾燥ハーブ（バジル、タイムなど好みで）適量、塩適量

1. 鶏皮は食べやすい大きさに切る。焼くと2/3ぐらいに縮むので小さくしすぎないこと。
2. フライパンに鶏皮の表面部分が下になるよう並べて焼く。
3. 弱火でじっくり焼く。途中で出た脂はキッチンペーパーで拭く。
4. 表面がカリッと焼き上がったら、皿に盛り塩とハーブをふる。

ペールエール（アメリカンスタイル）

アメリカンスタイルのペールエールはアメリカ産ホップがふんだんに使われていることが特徴だ。アメリカ産ホップは「グレープフルーツのような」と表現される柑橘系の香りを持つ。ならば直球勝負でグレープフルーツを使った料理を合わせてみよう。グレープフルーツの果汁でドレッシングを作り、果肉もサラダに加える。そこに、塩・コショウだけのシンプルな調理をほどこした牛肉をあしらえば、まさにアメリカン・テイスト。メジャーリーグ級の直球だ。真っ向勝負！

料理に合う 究極の1本！

藤原ヒロユキビール・キャスケードエール

藤原ヒロユキビールは私がレシピを組み、ネストビール（木内酒造：茨城県）で醸造している。キャスケードエールはそのメイン・ブランドだ。アメリカ産ホップ〝キャスケード〟をふんだんに使い、かぐわしい香りと苦みが印象的。さらに、そのホップに負けないモルト感を持ち合わせているため、どんな料理にもピッタリと合うよ（飲めるお店や買えるお店はhttp://kodawari.cc/の「手造りビール工房：藤原ヒロユキの世界」でご覧いただけます。ネット通販もしているよ）。

グレープフルーツと焼き肉のサラダ

柑橘系アロマには柑橘系フレーバー

材料（2人分）

グレープフルーツ1個（ルビーでもホワイトでも可。ルビー1/2個とホワイト1/2個を使うと綺麗）、EXバージンオリーブオイル適量、ペールエール適量、牛肉（焼き肉用。カルビ、ロース、ハラミなど好みの部位で可）150g、塩・コショウ各少々、サニーレタスまたはサラダ菜1/2株（ルッコラや水菜、ベビーリーフでもよい）

1. グレープフルーツは上下をばっさりと大胆に切り落とし、その部分を絞り果汁を取る。
2. 果汁にEXバージンオリーブオイル（量は果汁の量によって変化する。味を見ながら二〜三度に分けて加えていく。目安としては果汁の量よりやや少なめ）を加えて混ぜ、ドレッシングを作る。
3. ドレッシングにペールエールを加える（味を見ながら 二〜三度に分けて加えていく。苦味が際だたない程度にする）。
4. 残りのグレープフルーツの皮を剝き、1房ずつ薄皮を剝く。
5. 器にサニーレタスを食べやすい大きさに千切って盛りつけ、グレープフルーツを散らす。
6. 焼き肉に適した大きさに切った肉をラップに包み、肉タタキ（麵棒やすりこぎ、ビール瓶でもよい）で叩いて薄く伸ばす。
7. 焦げ付かないフライパンに肉を並べて焼く。できれば油をひかずに焼きたい。塩とコショウをふる。肉はひっくり返さない。
8. 片面が焼けたら、肉を取り出し、網をのせたバットまたはペーパータオルの上に並べ2〜3分休ませる。
9. 器に盛った野菜にドレッシングをかけ、肉をのせる。

◆ブラックオリーブ、クルトン、松の実を散らしてもよい。

皮をむき、房はサラダに使う
上下を絞って
果汁で
ドレッシングにする

スタウト

スタウトはコーヒー・フレーバーによく合う。また、海老や蟹《かに》などの甲殻類とも相性がよい。特に貝類には抜群だ。イギリスやアイルランドではスタウトを生牡《なまが》蠣《き》とマリアージュさせるのが定番である。磯の香りがロースト・フレーバーと妙に合う。スタウトの仲間には「オイスター・スタウト」という種類のビールもあり、仕込み段階で麦汁に牡蠣そのもの（または牡蠣殻《かきがら》）を加えるのだ。聞いただけだと「んっ？」と思うかもしれないが飲んだら「旨い！」と叫んじゃうと思うよ。

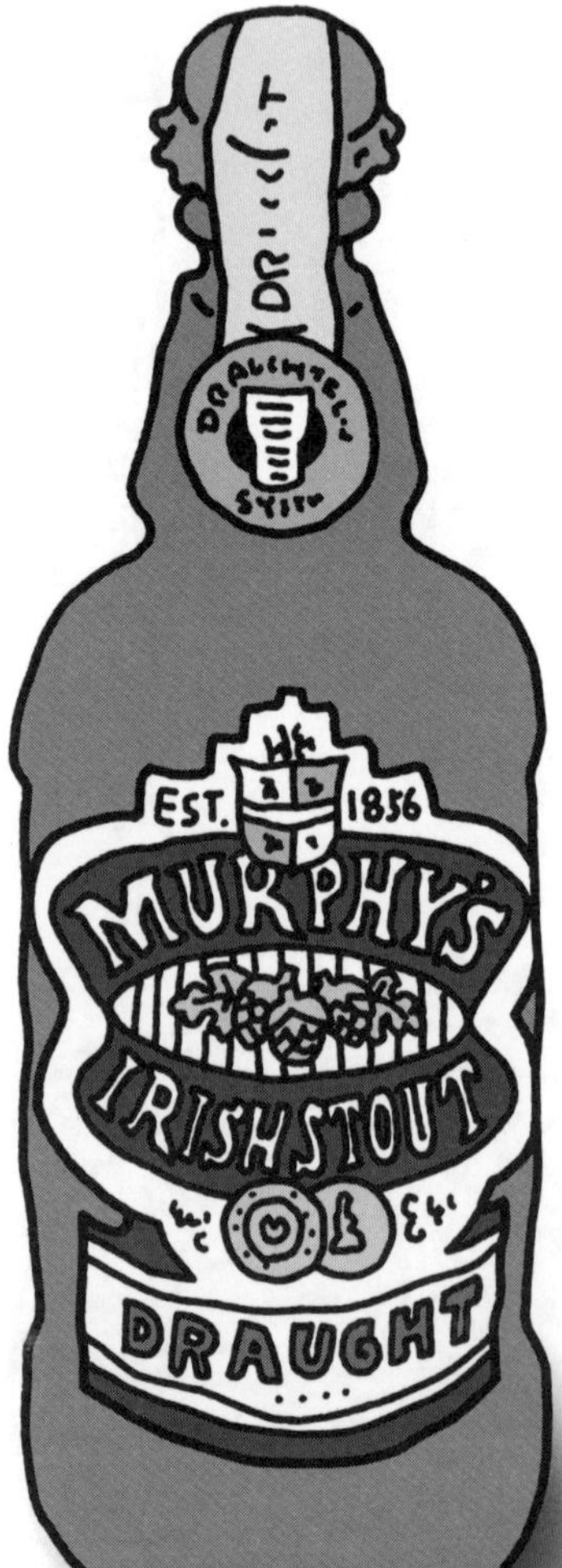

料理に合う究極の1本!

マーフィーズ・スタウト

ドライスタウトのなかでは比較的苦みが少ない銘柄だ。ローストバーレイの炭苦いキャラクターが抑えられていて、後口が爽やかである。窒素ガスによるクリーミーな泡はベルベットのように柔らかくムースのような口当たりだ。優しい感じがするスタウトである。

海老の鬼殻ウニ焼き

海老&ウニ+スタウトで最高に贅沢《ぜいたく》な至福の時を

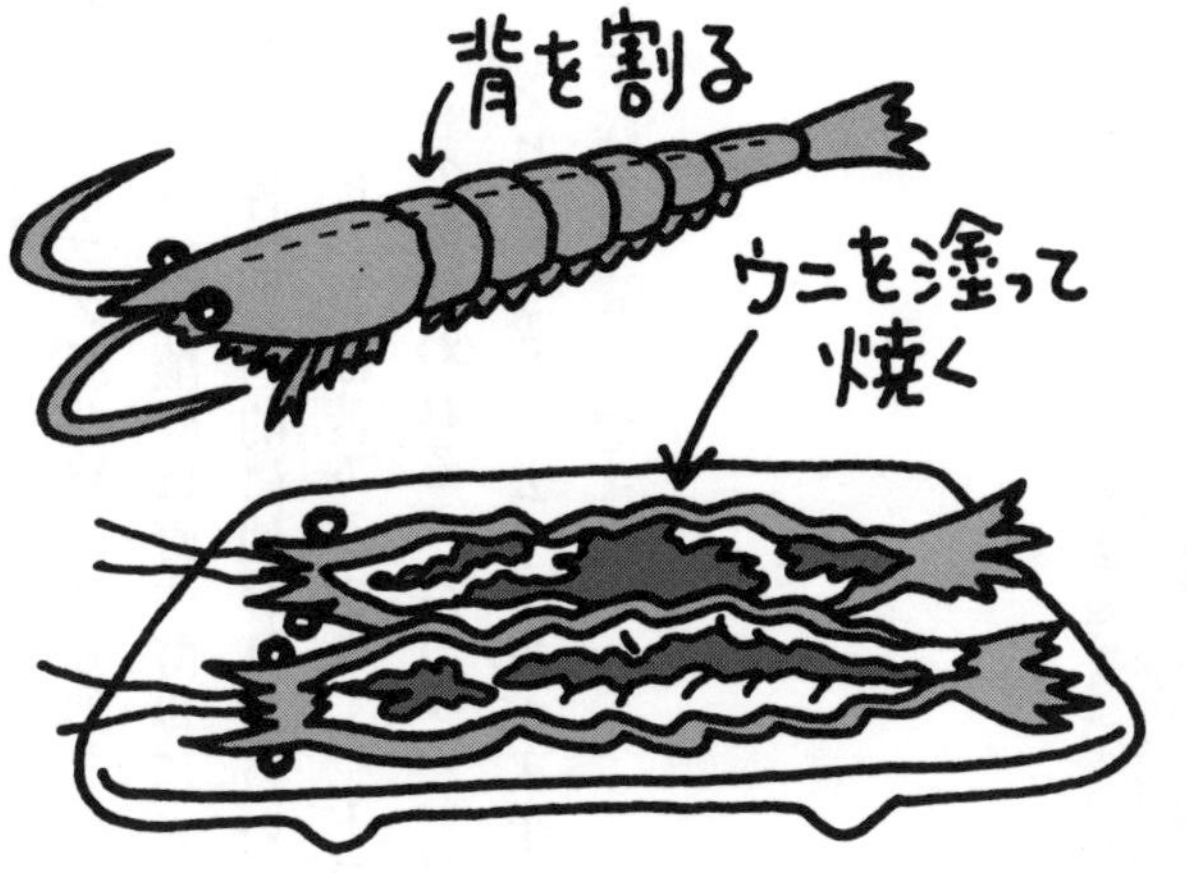

材料（2人分）
有頭の車海老6尾、粒ウニ大さじ3、スタウト適量

1. 海老の背を割る。
2. 背わたをきれいに取ったあと包丁の背で身を軽く叩く。
3. ウニをスタウトで溶く。ペースト状になったら、海老の背に塗る。
4. 魚焼きグリルで焼く。

鶏レバーのコーヒー煮

コーヒー・フレーバーでレバーの臭みをシャットアウト

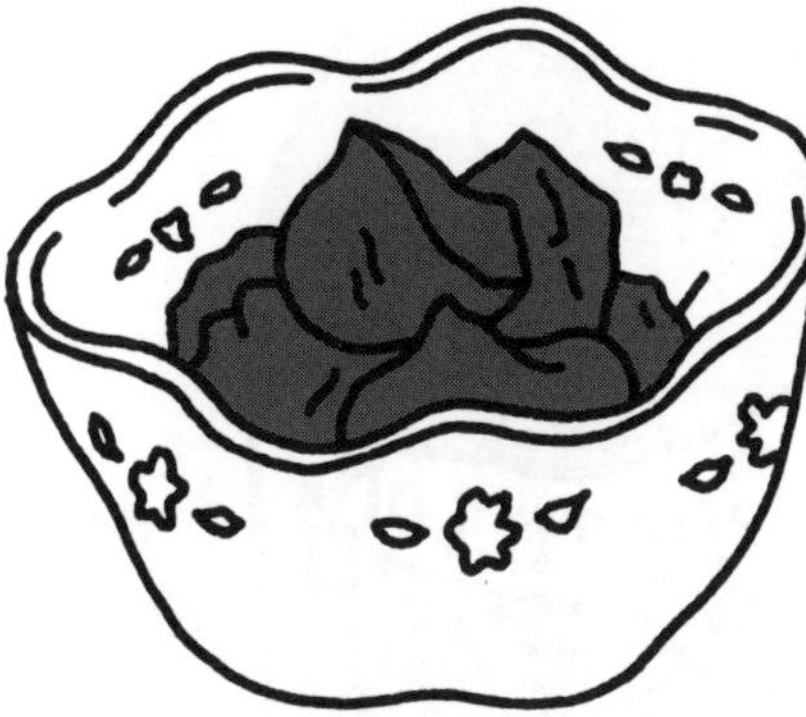

材料（2人分）
鶏レバー150g、砂糖大さじ2と1/2、醤油大さじ3、味《み》醂《りん》大さじ1、水50㎖、インスタントコーヒー大さじ3、ビターチョコレート20g

1. 鶏レバーは一口大に切り、流水に30分間さらし血抜きする。ハツがついている場合は切り離し、縦半分に切り、脂肪の部分を切り落として同じく流水にさらす。
2. 砂糖、醤油、味醂、水、インスタントコーヒー、チョコレートを鍋に入れて加熱し、沸騰したら弱火にしてレバーとハツを入れる。
3. 1分間煮たら、火を止める。
4. 鍋に蓋をして15〜30分置いておく。その間に余熱で火が入ると同時に味が染み込む。

◆この料理は仙台坂の和食屋「IZAYOI」の人気メニューを我流で再現してみたものである。「IZAYOI」の原透悦さんの注ぐ生ビールの泡はビロードのように細かい。口当たり抜群。

ランビック（グーズ）

ランビックは自然発酵のビールだ。熟成ランビックと若いランビックのブレンドであるグーズは、最も基本となるランビックだ。特徴は強烈な酸味と微《かす》かに香るチーズに似たアロマ。酸味は野生酵母による自然発酵がもたらし、チーズ香は意図的に使われた古いホップが出す香りである。ランビックは苦みが少なく、ドライな味わいなので料理そのものに使われることも多い。最も有名なのがムール貝のランビック蒸し。ムール貝が入手できなければアサリで和風に仕上げることもできる。

料理に合う究極の1本!

カンティヨン・グーズ

伝統的手法によって造られるベルギーの自然発酵ビール。そのなかでもカンティヨンは最も頑固なブルワリーである。酸味の強いランビックのなかでも取り分け酸味が強い銘柄だ。

アサリのランビック蒸し

ヨーロッパの伝統料理を和の食材で

アルミ箔に穴をあける
海水と同じ濃さの塩水

材料（4人分）

アサリ800g、キャベツ1個、ランビック（グーズ）200㎖、薄口醤油大さじ1、アサツキ適量、塩適量

1. アサリは海水と同じ濃さの塩水を入れたバットに重ならないように並べ、アルミ箔（適当に空気穴を空《あ》けておく）を被《かぶ》せ砂出ししたあと、表面をよく洗う。
2. キャベツは芯を残して櫛形切りにし、土鍋の底に並べる。
3. 土鍋に蓋をして火にかけ蒸し焼きにする。焦げ付かないように注意する（焦げ付きかけた場合は、水を少量入れる）。
4. キャベツがしんなりしたらアサリを入れ、ランビックを注ぎ、蓋をして再び蒸し焼きにする。
5. アサリの口が開いたら小口切りのアサツキを散らし、薄口醤油を香りづけにたらす。

ムール貝のランビック蒸し

これが本家本元のランビック蒸し

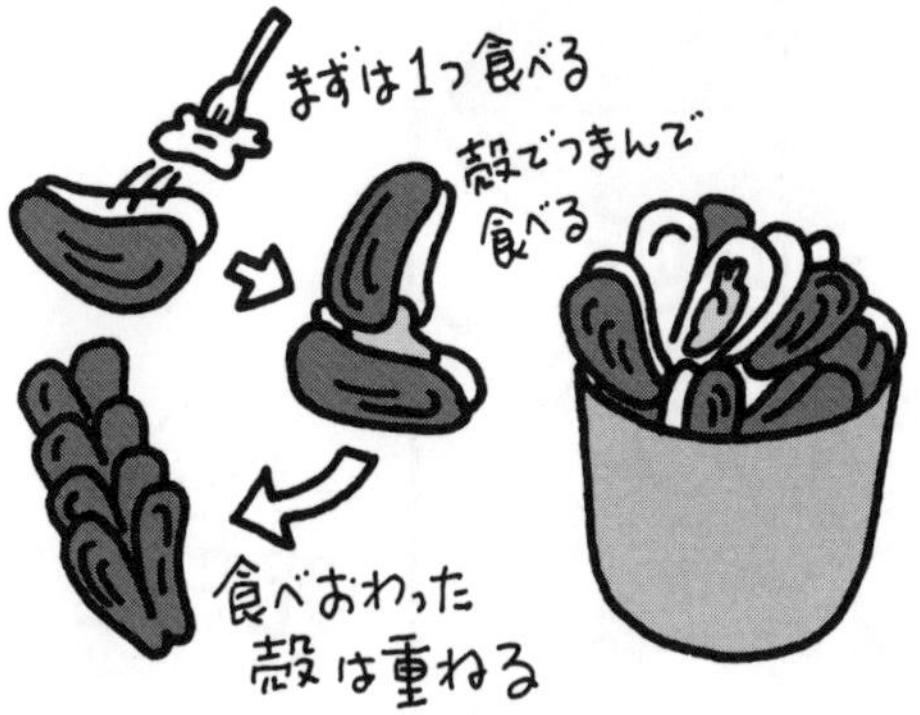
まずは1つ食べる
殻でつまんで食べる
食べおわった殻は重ねる

材料（4人分）

ムール貝2kg、エシャロット6本、セロリ2本、バター大さじ3、ランビック375㎖（1本）

1. ムール貝を洗う。
2. 鍋にバターを溶かし、微塵切りにしたエシャロットとセロリを炒める。
3. ランビックを加える。沸騰したらにムール貝を入れて蓋をする。
4. 5〜6分加熱する。その際、蒸しむらが出ないように1分ごとに鍋を揺するのがコツ。
5. ムール貝の口が開いていれば出来上がり。

◆［ベルギー人っぽい通な食べ方］初めに1つだけフォークで身を摘《つま》み出し、あとはその貝殻をピンセットのように使い、貝の身を摘み出す。また、貝殻は〝いれこ〟のように重ねていくとかさばらない。

ランビック
（フルーツランビック）

ランビックにフルーツを漬けると酸味と果実の甘味が素晴らしいバランスとなる。チェリーを漬け込んだクリークは、果肉による甘酸っぱいフレーバーと種から出るアーモンドのようなナッツ感が実に爽やかだ。この酸っぱさは和風の前菜である酢の物とも相性がいい。ホクホクした根菜にもピッタリとくるから不思議だ。フランボワーズを漬けたものは、クリークより酸味がやや強い。ベリーを使ったデザートや生クリームと相性がいい。

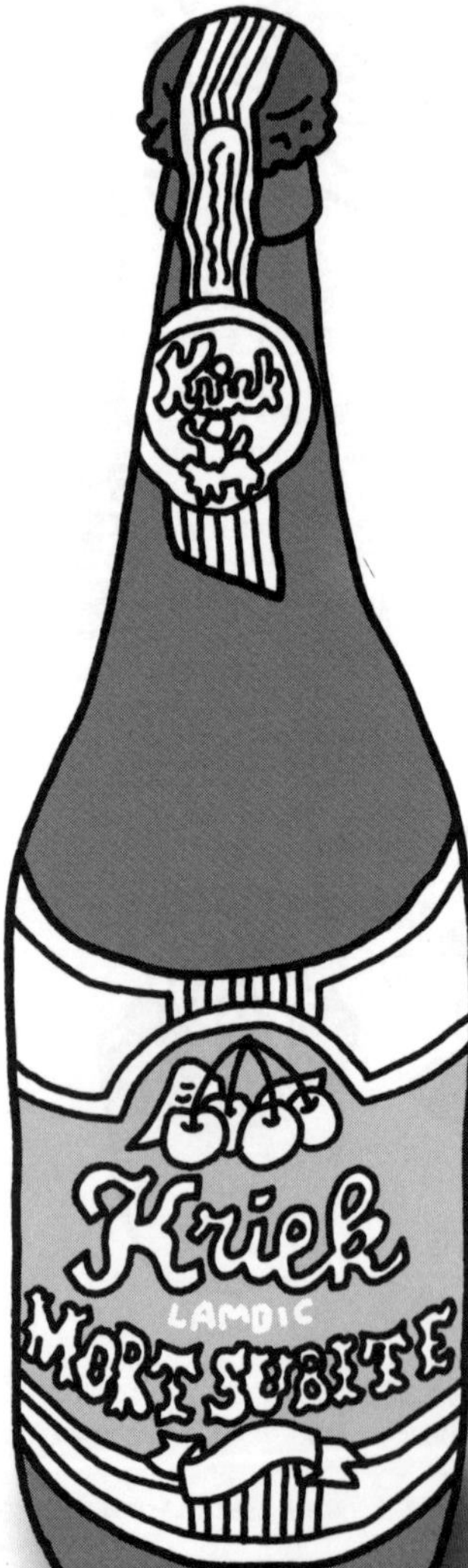

料理に合う究極の1本!

モート・サビット・クリーク

クリークの他にフランボワーズも旨い。どちらも甘酸っぱいデザートによく合う。フルーツが練り込まれたチーズなどとも最高のマリアージュだ。また、酸味のある料理とよく合う。酢の物などの和食に合わせるのもシャレている。

サツマイモとフルーツの酢の物

甘くて酸っぱくてフルーティーな和風の前菜

材料（4人分）
サツマイモ1/2本、キウイ1個、レーズン16粒、リンゴ酢50㎖、薄口醤油50㎖、ランビッククリーク（またはフランボワーズ）大さじ1

1. サツマイモはよく洗い1cm角の賽《さい》の目切りにして柔らかくなるまで茹でる。
2. キウイは皮を剝いて厚さ5mmの銀杏《いちょう》切りにする。
3. ボウルにリンゴ酢と醤油とランビックを入れ、合わせる。
4. そこにサツマイモ、キウイ、レーズンを加え、あえる。

ベリーのデザート、クリームチーズ添え

チェリー＋アーモンド＋チーズ＝ベリーグッド

材料（2人分）
イチゴ1/2パック、チェリー1/2パック（他にも好みでブルーベリー、ラズベリーなどのベリー類、また、洋梨、柿、巨峰などを加えてもよい）、クリームチーズ20g、生クリーム100g、グラニュー糖45g、ランビッククリーク100㎖、ミント適量、クルミまたはアーモンド適量

1. イチゴはヘタ、チェリーは軸を取る（洋梨や柿は皮を剝き芯を取って食べやすい大きさに切る。巨峰は湯剝きして半分に切り種を取る）。
2. ボウルにフルーツを入れグラニュー糖15gとクリークを入れる。グラニュー糖の量は好みで加減してよい。
3. 生クリームにグラニュー糖30gを加え、6分立てにし、クリームチーズ（常温に戻しておく）を入れ、よく混ぜる。
4. 器にフルーツを盛り、3で作ったクリームミックスを添える。砕いたクルミまたはアーモンドを散らし、ミントを飾る。

ヴァイツェン

南ドイツの小麦ビールであるヴァイツェンはクローブやナツメグに似たスパイシーな香り、バナナのようなフルーティーな香りがとても印象的なビールである。また、苦味が少なく、色も薄いので調味料としても使いやすい。特に、イーストがもたらす吟醸香にも似た〝はんなりとしたアロマ〟が、料理に奥深く不思議な広がりを与えてくれる。フルーツのような香りはトマトスープやホワイトクリームシチューなどの隠し味にも最適だ。とっても美味しいよ。

料理に合う究極の1本!

箕面の地ビール A・J・I BEER ヴァイツェン

ジャパン・ビア・フェスティバル大阪2003で「来場者による人気投票No.1」に選ばれた。フルーティーなエステル香が実に素晴らしく、どんな料理とも相性がいいビールだ。また、料理の隠し味、マリネや煮込みを作るのに最適のビールでもある。箕面の地ビールはリアルエールも手がける気鋭メーカー。インターナショナル・ビア・サミット2003で銀賞を受賞したペールエールやスタウトも旨い。
http://www.aji-beer.co.jp/

塩鮭のヴァイツェン戻し焼き

いつもの塩鮭が麹に似た華やかな香りに包まれる

材料（2人分）
塩鮭100g、ヴァイツェン適量

1. 塩鮭を食べやすい大きさに切る。
2. 流水に30分さらし塩を抜く（好みによってさらす時間は短くしても長くしてもいい。また、鮭の塩加減によっても変わる）。
3. バットに鮭を入れ、ヴァイツェンをヒタヒタになるぐらい入れて15〜20分漬ける。
4. 魚焼きグリルで焼く。

◆中骨やハラスは特に旨い！

ヴァイツェン餃子

「何が入ってるの？」一同驚愕！摩訶《まか》不思議。香り爽やか謎餃子《ギョーザ》

材料（30個分）
皮：小麦粉（中力粉または薄力粉と強力粉を半々）250g、水110㎖、ヴァイツェン10㎖
餡《あん》：豚挽肉280g、水30㎖、ヴァイツェン90㎖、ニラ1わ、ショウガ汁大さじ1/3、砂糖大さじ2/3、塩大さじ1/3、ゴマ油大さじ1〜2、コショウ少々

1. ボウルに小麦粉を入れ、そこに水とヴァイツェンを加え、一気に素早く混ぜる。１つにまとまるまで練る。まとまったらボウルにラップをして15分寝かせる。
2. その間に餡の材料を混ぜる（水とヴァイツェンの割合を変えてもよい。総計が150㎖ぐらいまでならばOK。それ以上だと少しゆるくなりすぎる。ヴァイツェンの量が多いほうが香りはいい）。
3. 皮の生地をもう一度練る。7〜8分間練ると生地がきめ細かくなる。
4. 生地からピンポン球ぐらいの量を摘み出し、打ち粉をしたまな板の上で棒状に伸ばす。直径1cmぐらいの千歳飴のような状態にする。残りも同様にする。
5. 幅1cmに切っていく。この円柱を潰し、麺棒で伸ばし丸い皮を作る。
6. 皮に餡を詰める。あまり欲張ると餡がはみ出したり皮が破れるので注意する。
7. フライパンに油をひき、餃子を並べる。水を「餃子が半分ぐらいつかる程度」入れて蓋をして焼く。水分がなくなれば完成。

◆水餃子にしてもいい。香りは焼き餃子のほうがしっかりしている。

ブラウンエール

ブラウンエールはイングランド北東部にあるニューキャッスルという町で生まれた苦みの弱いエールだ。バートン生まれの苦みの強いペールエールに対抗して造られた。苦みが弱いため、料理の調味料や隠し味として使いやすい。特に、煮込み料理などに重宝する。ホップの強いビールを使うとえぐみが出ることがあるのだが、その心配がない。また、幅広い料理とマリアージュできるのも強みである。ナッティなフレーバーとモルトの甘味が印象的だ。

料理に合う究極の1本!

サミュエル・スミス・ナット・ブラウンエール

ナッツのような香ばしいフレーバーが魅力のビールだ。その芳ばしさはロースト系の料理なら何でも合う。一つ問題なのは瓶が透明であるということ。ビールの美しい色を見せたいがためであろうが、いかんせん日光臭がつきやすい。管理のしっかりした酒販店で購入しよう。もしくは箱買いで。

ホタテとブラックオリーブのソテー

見た目も綺麗なブラック&ホワイト

貝柱はほぐし ヒモはきざむ
ブラックオリーブはにぎりつぶせば簡単に種が抜ける

材料（2人分）

ボイルホタテ200g、ブラックオリーブ20粒、塩・コショウ各適量

1. ボイルされたホタテのヒモと肝と貝柱を分ける。ヒモは幅5mmぐらいに細かく切る。貝柱は粗くほぐし、肝は幅1cmぐらいに切る。
2. サラダ油少々をひいたフライパンでホタテを炒める。塩、コショウで味付けする。ブラックオリーブの塩けを計算しておくこと。
3. ブラックオリーブ（種あり・種抜きどちらでもよい。切らずに丸のまま）を入れてさらに炒める。どちらもそのままでも食べられる食材なのであまり火を入れすぎない。

クレソンとルッコラとナッツのサラダ

クレソンの苦みとナッツの香ばしさがモルト風味にマッチ

材料（2人分）

クレソン6本、ルッコラの葉16枚、卵1個、クルミ4個、アーモンド6粒、市販のドレッシング適量、ブラウンエール大さじ1、塩・コショウ各少々

1. 器にルッコラ、クレソンを盛りつける。
2. ゆで卵を作る。5〜6分茹でた半熟がお薦め。4等分の櫛切りにして器の四方に盛りつける。
3. クルミを割り、粗く砕き散らす。アーモンドはラップに包み麺棒かすりこぎで叩き、粗く砕き、ともに2の野菜に散らす。
4. 市販のドレッシング（ビネガー&オイルのシンプルなものがよい）にブラウンエールを混ぜてドレッシングを作る。塩、コショウで味を調える。ドレッシングをサラダにかける。

バーレイワイン

バーレイワインはアルコール度数が高い。しっとりとした大人のビールだ。さらに、モルトの芳醇な味わいとフルーティーな香りが調和した飲みごたえのあるビールでもある。熟成したシェリーやポートワイン、リキュールのような感覚で楽しもう。食後や寝る前にチビチビと飲みたいので、肴は簡単なものや作り置きできるものがいいだろう。リッチなモルトの甘味、フルーティーな香り、温かいアルコール感をキーワードに料理を作ってみよう。

料理に合う究極の1本!

ヤング・オールドニック

アルコール度数6.8%は一般的ビールからすると「キツイ」というイメージだろうが、バーレイワインとしては低い。モルト感はリッチで飲みごたえがある。ラベルの悪魔（鬼？）も妙にかわいくて人気のビールだ。

柿の味醂がけ

なんと江戸時代から続くジャパニーズ・デザート

みりんを
煮つめて
シロップを作って
柿にかけるだけ

材料（2人分）
柿2個、味醂150㎖、バーレイワイン小さじ1/2

1. 柿は皮を剝いて一口大に切り、芯を取る。
2. 味醂とバーレイワインを鍋で煮詰めて蜜にして柿にかける。味醂は急に煮詰まるので目を離してはいけない。とろみが出たら混ぜながら火を入れること。

◆このレシピは『鬼平犯科帳』にも登場する江戸料理にバーレイワインを加えたもの。時空を越えたマリアージュだ。

チョコトリュフ

まったりチョコにまったりビール。あー幸せ

固まったチョコレートは
メロンボーラーか
スプーンで
とりだす
不揃いでもOK!
それも手作りらしさ

材料（2人分）
製菓用チョコレート（または板チョコ）200g、牛乳50㎖、生クリーム大さじ3、バター大さじ4、グラニュー糖150g、バーレイワイン大さじ2、ココアパウダー適量

1. チョコレートを湯煎で溶かす。
2. 別の鍋に牛乳、生クリーム、バター、グラニュー糖を入れて加熱する。鍋肌から気泡が出はじめたら火から下ろして溶かしたチョコレートと混ぜる。チョコレートがスムーズになるまで混ぜる。
3. バーレイワインを加えて混ぜる。
4. バットに流し込み、冷やす。常温になったら冷蔵庫に入れて2〜4時間冷やす。
5. メロンボーラーかスプーンで抜いていく。
6. ココアパウダーの上を転がす。

コーヒービール

コーヒービールはフルーツやハーブ、スパイスを使ったフレーバービールの仲間に属する。日本ではまだ珍しい種類のビールだが、私の個人ブランド「藤原ヒロユキビール」では「シアトル・エスプレッソ・ポーター」という銘柄を販売中だ。2001年のジャパン・ビア・コンペティションにおいて個人ブランドでは日本初の入賞を果たしたビールでもある。両国「ポパイ」、丸の内「ブラッスリー・オザミ」で飲むことができる。

ポパイ
http://www.lares.dti.ne.jp/~ppy/index2.htm
ブラッスリー・オザミ
http://www.auxamis.com/brasserie/index.shtml

料理に合う究極の1本!

藤原ヒロユキビール・
シアトル・エスプレッソ・ポーター

イギリスの市場の荷運び人に愛されたビール、ポーターにコーヒー・フレーバーを加えたビール。ラベルはシアトルのパブリックマーケットと素早く荷を運ぶポーターの姿が描かれている。アイスコーヒーのような爽快ビールだ。

ブイヤベース

意外？ コーヒー・フレーバーが海の幸に合うなんて！

材料(4人分)

有頭海老（スカンピ、ロブスター、車海老など）・貝（ムール貝、はまぐり、ホタテなど）・白身魚（タラ、タイなど）・ワタリ蟹・イカ各適量(種類や量は好みに合わせて減らしたり加えたりしてよい。鯖《さば》や鰯《いわし》は不向き)、タマネギ（小）1個 、ニンジン（小）1本 、セロリ1/2本 、完熟トマト2個、ニンニク1片 、オリーブオイル適量、サフラン小さじ1/2、スープ1ℓ（インスタントの固形スープの素で作ったもの)、塩・コショウ各適量

1. 魚は、食べやすい大きさに筒切りにし血や内臓をよく洗い落とす。塩、オリーブオイル各少々をふりかけ、取り置く。貝は殻を洗う。海老は殻付きのまま背わたを竹串で抜く。蟹、イカも食べやすい大きさに切る。
2. タマネギ、ニンジン、セロリを薄切りにする。トマトを湯剝きして種を取り、賽《さい》の目に切る。ニンニクは潰して芽を取っておく。
3. 鍋に、オリーブオイル大さじ2を入れ、ニンニク、タマネギを炒める。しんなりしたら、ニンジン、セロリを入れて炒める。
4. スープ、トマト、サフランを加え、魚、貝、海老を火の通りにくいものから順に入れる。塩、コショウで味を調える。

◆ガーリックトーストと食べるのが基本的な食べ方。

固形スープの素を使わず本格的に作りたい場合は

魚のあら（白身魚）約1kg 、タマネギ（中）1個 、セロリ1/2本 、タイム ・ローリエ 各少々 、オリーブオイルまたはサラダ油適量

1. タマネギとセロリを微塵切りにし、タイム、ローリエとともにオリーブオイルまたはサラダ油で炒める。
2. 霜降りした（熱湯をかけ、ぬめりを除いた）魚のあらを入れ10カップの水を加える。
3. 強火で煮る。煮立ったら弱火にしてあくを除きながら、20〜30分煮たあと、漉す。

ティラミス

思ったより簡単！ただただ混ぜるだけ

材料（8人分）
マスカルポーネチーズ200g、カステラ20cm、卵2個、グラニュー糖40g、生クリーム140mℓ、コーヒー1杯、エスプレッソ・ポーター大さじ2、ココアパウダー少々

---

1. 卵を白身と黄身に分ける。
2. ボウルに卵黄とグラニュー糖の1/3量（約13g）を入れ、クリーム色になりジャリジャリしなくなるまで混ぜる。
3. そこにマスカルポーネチーズを混ぜる（マスカルポーネチーズは調理約1時間前に冷蔵庫から出し常温に戻しておく）。
4. 別のボウルに生クリームを入れ、残ったグラニュー糖の1/2量（約13g）を加え、6分立て（ツノが立つ一歩手前）にする。
5. 卵黄に4で作ったクリームを数回に分けながら加えては混ぜるを繰り返す。混ぜ上がったらいったん冷蔵庫に入れる。
6. 新たなボウルに卵白を入れ、残ったグラニュー糖の1/2量（約7g）を加えて泡立てる。5分立てになったら残りのグラニュー糖（約7g）を加え、さらに混ぜる。
7. 冷蔵庫の卵黄＋クリームを出し、卵白に3回に分けて加えては混ぜるを繰り返す。
8. カステラを厚さ5mm弱にスライス（半冷凍しておくと切りやすい）し、1/2量をバットに並べる。濃いめに入れたコーヒー（インスタントで可）とエスプレッソ・ポーターを刷毛《はけ》でカステラに塗る。
9. バットに並べたカステラの上に混ぜ合わせた7のクリームを塗る。バットの半分の高さになったら、残りのカステラを上に並べ、残りのコーヒーを塗る。
10. さらに残りの7のクリームを塗る。
11. 器に盛り、ココアパウダーをふる。

第6章

日本のビール事情・ビール面白情報

発泡酒の人気、ノン・アルコールビールの台頭、世界で評価されだした日本の地ビール。さらにはビール関連ホームページや素敵なビア・パブの見つけ方など、ビール事情と面白情報を紹介しよう。一段とビール通になれるよ。

麦芽100%の発泡酒ってどーゆー意味?

　発泡酒は「麦芽率が低いので税金が安い」と認識されている。しかし、発泡酒のなかには「麦芽100%なのでビールと同じ税金をかけられている発泡酒」が存在する。それらは「発泡酒なのに安くない!」という言われなき差別を受けているのだ。

　日本の法律では、「ビール」に米、コーン、デンプン、ジャガイモ、糖類、カラメルといった〝国が認めた混ぜ物〟をしていいことになっている。ところが、お上《かみ》が認めていないもの、たとえばナツメグ、コリアンダー、オレンジピール、コーヒーなどのスパイスやチェリーなどのフルーツを麦芽100%ビールにちょっとでも入れると「発泡酒」になっちゃうのだ。もちろん税金は麦芽100%だから、ビールと同じである。にもかかわらず、ラベルに〝発泡酒〟と書かれてしまうのである。

　問題なのは、このような「麦芽100%で造られた発泡酒」と「節税型発泡酒」の違いを明確にアナウンスしていないことだ。その結果、海外の優れたフルーツ&スパイスビールの輸入が躊躇《ちゅうちょ》され、国内メーカーも造りたがらない。私達は旨いビールを飲むチャンスを奪われているのだ。

スパイスやフルーツが入ったビールって邪道なんですか?

　とんでもない!　オレンジピールやコリアンダーはベルギーのホワイトエールに古くから使われている原材料だし、チェリーを使うクリークは伝統的な自然発酵ビールだ。ブリューゲルの絵の中に、飲んでいる人が描かれているほどだよ。本家本元の古典的ビールなのだ。ビールは本来さまざまなスパイスやハーブやフルーツによって味付けされてきた飲み物なんだ。邪道どころか歴史的正統派だよ。

発泡酒=安い酒とは限らない

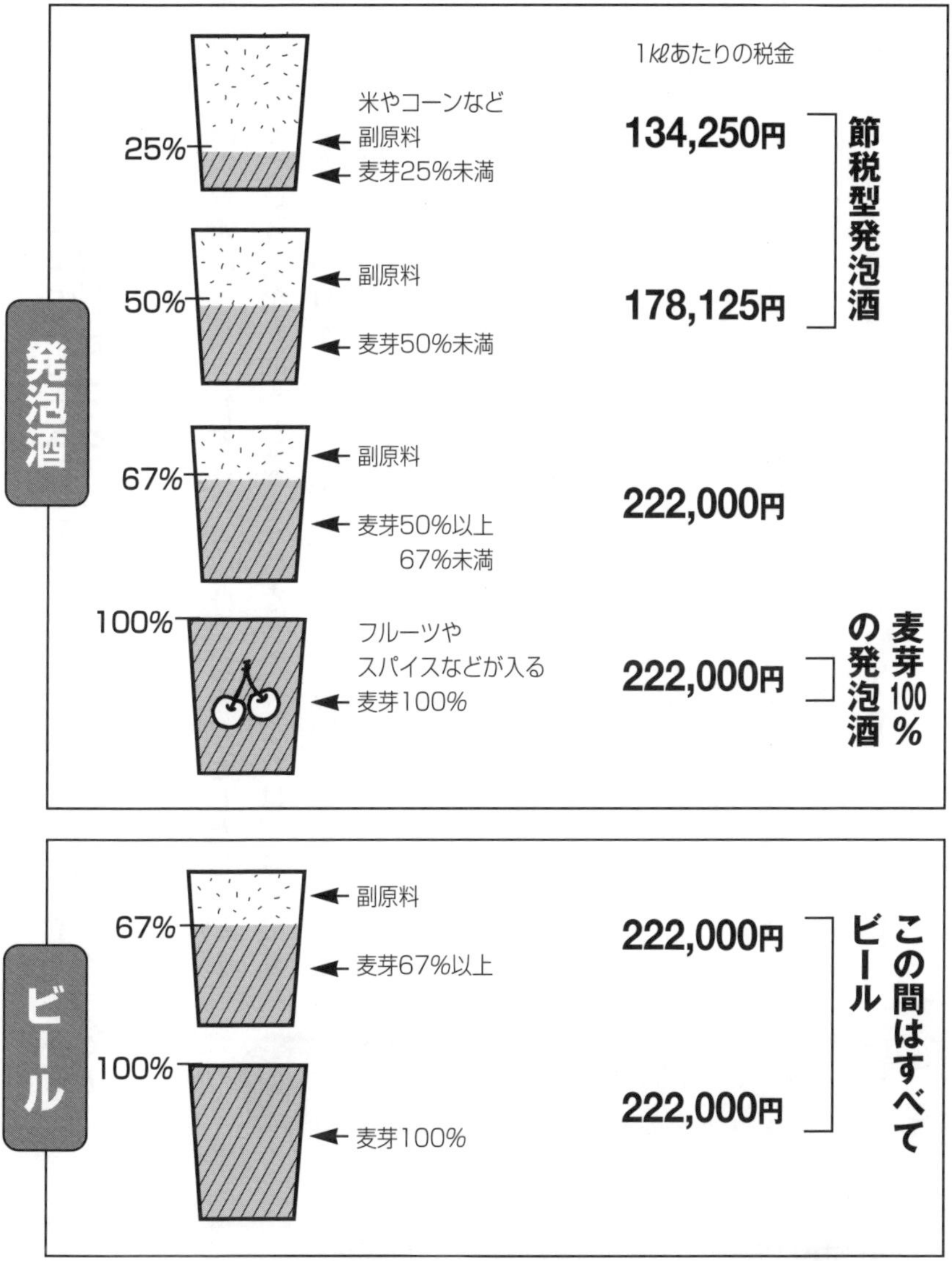
1kℓあたりの税金
発泡酒
25%
米やコーンなど
副原料
麦芽25%未満
134,250円
50%
副原料
麦芽50%未満
178,125円
節税型発泡酒
67%
副原料
麦芽50%以上
67%未満
222,000円
100%
フルーツや
スパイスなどが入る
麦芽100%
222,000円
麦芽100%の発泡酒
ビール
67%
副原料
麦芽67%以上
222,000円
100%
麦芽100%
222,000円
この間はすべてビール

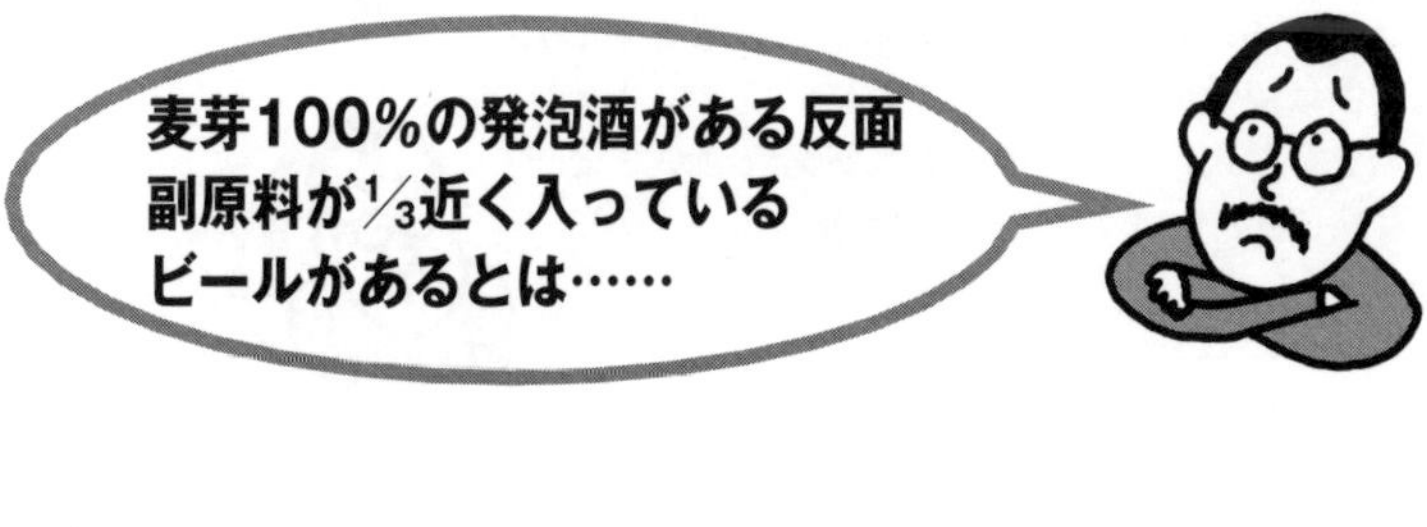
麦芽100%の発泡酒がある反面
副原料が1/3近く入っている
ビールがあるとは……

今後の節税型発泡酒はどーなる？

節税型発泡酒の台頭により、「給料日ぐらいは、ちゃんとしたビールを飲みたい」なんていう言葉が聞かれるようになった。これは、今まで銘柄の指定もできなかった日本のビール環境にとってはいいことなのかもしれないなんて思っている。はからずも、だけどもね。

はっきり言って日本のビールの税金は高すぎる。1リットルにつき222円（麦芽25％未満の発泡酒は約134円）の税金がかけられている。世界的に見ても群を抜いている。日本ではビール全体の40％強が税金ってことだがアメリカは10・9％、フランス7.3％、ドイツは6.1％だ（消費税は別。また、ドイツなどにも税区分があるが一般的なものの数字）。

税率の高い日本において、節税型発泡酒は誕生するべくして誕生したと思う。しかし、その税率も段階的に上げられてきた。うーん……。

個人的には「ビール、発泡酒の区別をなくし税率は現在の発泡酒に合わせるべき」だと思う。また、年間醸造リットル数により税率を変動（累進課税）し、小規模醸造所の税金を安くしていくこともビール文化を多彩に育《はぐく》むためには必要ではないか？　と思う。

節税型発泡酒ってビールもどきなんですか？
美味しくないんですか？

それは誤解だね。「麦芽の少ない発泡酒＝粗悪な酒」というわけではない。技術的に素晴らしいものや原材料費がビールより高くなっているものすらあるしね。安い理由は税金の違いだよ。それに、ライトボディのお酒を好む人にとっては、節税型発泡酒が「旨い」と感じる人もいるんじゃないかな？

‥‥（他と比べると発泡酒ですら高い!?）‥‥

350mlの場合の酒税

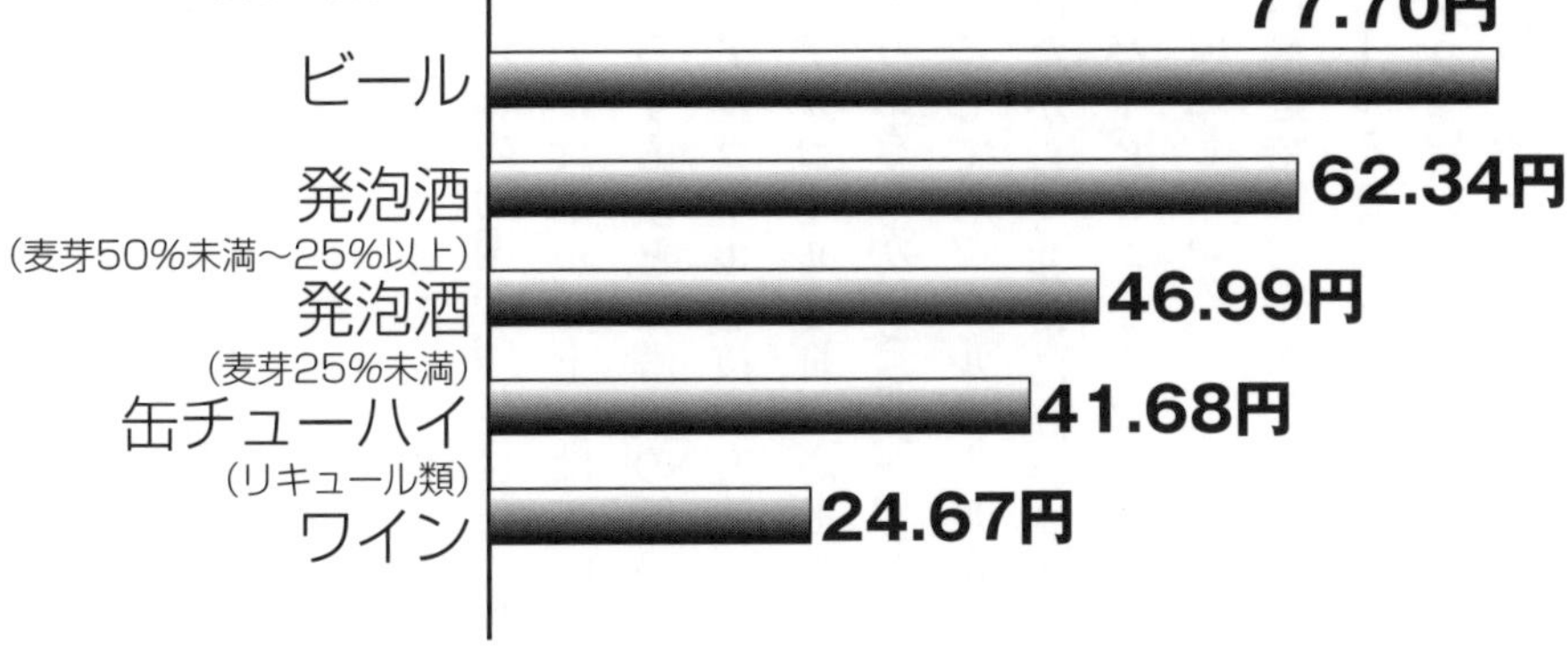

各国の酒税比較

ホッピーはノン・アルコールビールの草分け

ノン・アルコールビールの人気が高まっている。道路交通法の改正により飲酒運転の罰則が強化され、特に需要が伸びているようだ。

ノン・アルコールビールは、いくつかの製法がある。まずは、発酵する糖を減らす方法と発酵度の低い酵母を使う方法。もう一つは通常のビールからアルコールを抜く方法。熱した鉄板の上に薄くビールを滑らせ瞬間的にアルコールを揮《き》発《はつ》させる。が、ここらへんは企業秘密の部分が多くあまりあきらかにされていない。

どっちにしても、アルコールが少ないと雑菌が繁殖する可能性も高くなるわけだから、非常に高い醸造テクニックが求められることとなる。タカラのバービカンやホッピーは以前から優れたノン・アルコールビールとして流通している。

さらに最近ではピルスナー・ベースではなく多彩な種類のノン・アルコールビールを造るメーカーが増えている。南信州ビール・ツインアルプスのような旨いエール系ノン・アルコールビールがもっと増えてくればいいのになぁと思う。

ノン・アルコールビールならいくら飲んでも車の運転をしていいの？

アルコール度数1%未満のものは正確にはノンではなくロー・アルコールビールだ。だから0.5%のものなら10本、1%なら5本飲めば5%のビールを1本飲んだって感じになる。個人差もあるけど、車の運転や危険を伴う仕事の前はひかえたほうが無難だろうね。

タカラ・バービカンhttp://www.takarashuzo.co.jp/

ホッピーhttp://www.hoppy-happy.com/

南信州ビール・ツインアルプス

http://www.ms-beer.co.jp/syo/index.html

…（ノン・アルコールビールも飲み過ぎれば……）…

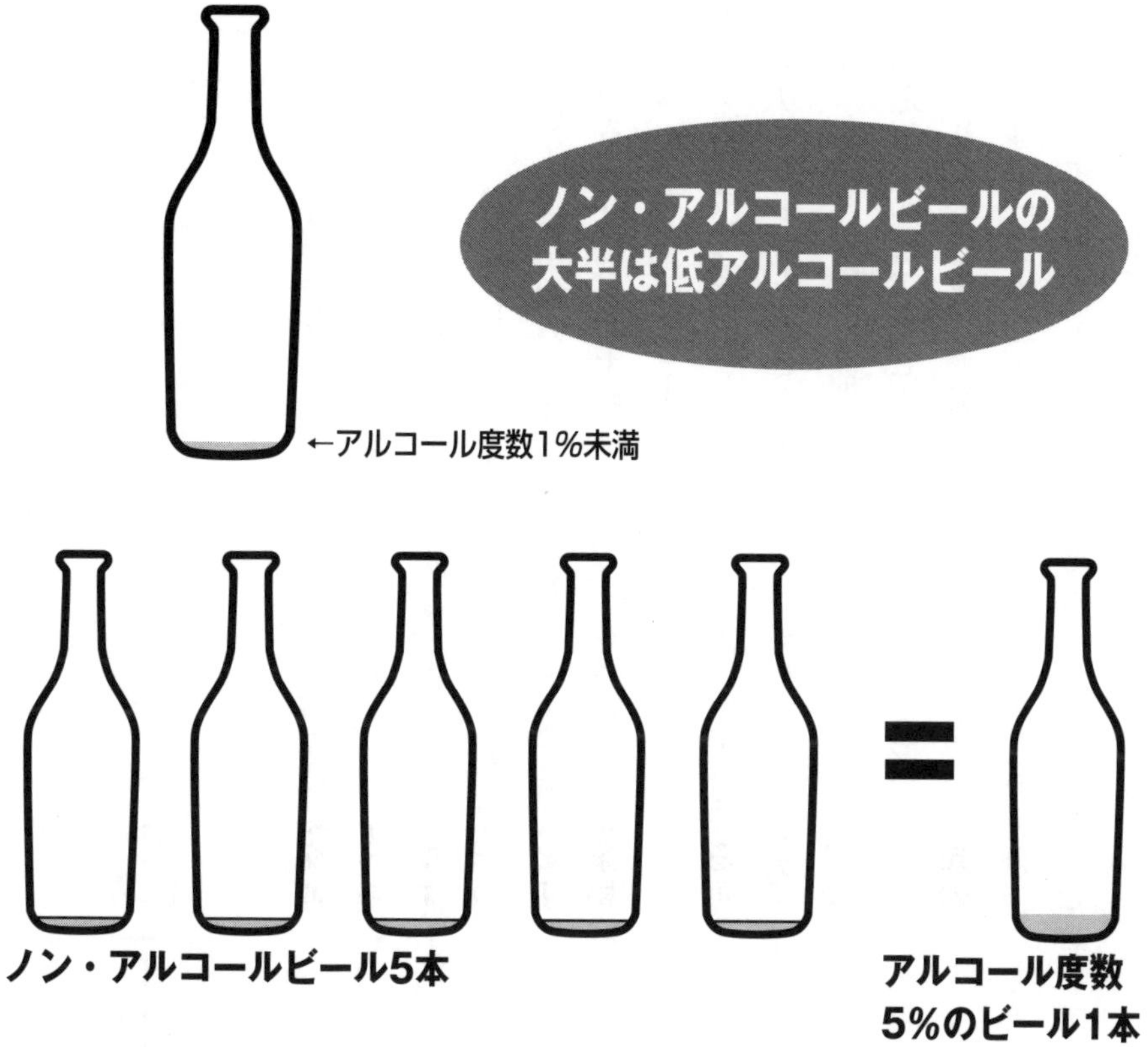

地ビールもいいけどクラフトビールはもっといい？

地ビールという言葉から受けるイメージは「観光地や地方に行ったらそこのお土産として地ビールなども買ってみよう」といったものではないだろうか？　もしくは「地ビールを飲むために旅をして飲んでくる」といったもの？　村おこしとして作られたメーカーも多かったようだし、「特産品」という意識が強いようだ。しかし、「名物に旨いものなし」なんていう諺《ことわざ》があるように、お土産は日常的に食べ続けたり飲み続けたりするものではない。本当に地ビールって名前でいいんでしょうか？

地ビールを法的に定義すると、（1994年以前からある醸造所以外で）年間60キロリットル以上のビールを造ることができる小規模醸造所である。特産品、お土産ものとは何ら関係がないはずだ。

小規模醸造ビールは、地ビールと言うよりもクラフトビールと呼んだほうがしっくりすると思う。厳選された素材を丁寧な工程でビールに造りあげていく様子は、木工工芸家が無垢《むく》の木材を削りあげ温もりある手作り家具を創《つく》る姿に似ているからね。地ビールって言葉は定着しているので大事にしたいけどクラフトビールって呼び方もイイんじゃない？

スロービールって言葉も聞いたことがあるんですが。

スローフード運動って知ってるよね？　その基本指針の一つに「質の高い少生産の食品、その生産者を守る」というものがある。質の高い少生産者って地ビール＝クラフトビールのブルワーにもあてはまるよね。小規模醸造所のブルワーは質の高い原材料で心をこめて造っているから。そんな人達の造ってるビールをスロービールって呼ぶ動きが広がっているんだ。

……（地ビールはクラフトビールだ）……

He is a Craft man.
He is a Craft man, too.
It is a Craft beer.
手作り家具を制作する工芸家と丁寧な手作業でビールを造る地ビールブルワーは似ている。そのビールはまさに工芸作品と呼ぶにふさわしい。

おすすめURL

ビールの知識と情報が満載 話題のビール関連ホームページ

ビールの知識や情報をもっともっと知りたいと思ったら、ビア・パブを飲み歩いたり、品揃えのいい酒販店に出向いてみよう。さらに文献を読んだり、講習を受けるのもいいかもしれない。そして、最も速報性のある情報を知りたいならインターネットのホームページが有効だ。

たとえば、「BEST BEER!」(http://www.best-beer.jp/) は私が監修するビールサイト。ビールの知識、情報が満載だ。情報の内容は、ビール基本知識、敏腕シェフが考えるビールに合う料理レシピ、お薦めビア・パブやビール関連イベント情報、ビアセレクションなど。さらに、あなただけのオリジナルビールを造れるコーナーなども予定されている(内容は随時変更していくのでチェックしてね)。

特にビアセレクションに関しては、私が責任を持って選んだビールが揃っている。国産はジャパン・カップなどのコンペティションで入賞した優れた地ビール、海外ビールはアメリカB.United International社の協力を得て日本では珍しい銘柄をお届けする。是非ご利用いただきたい。

海外のビールを個人で通販購入したいのですが、どーすればいいですか？

うーん、難しい質問だなぁ。まず、1本2本という注文に応じてくれるところはほとんどないと思う。個人で楽しむために取り寄せるというのはちょっと現実的でないね。関税のこともあるし、送料も大変だ。でも、人数が揃えば本数も増えるから不可能ではないよ。そんな情報も「BEST BEER!」でとりあげているよ。チェックしてごらん。

（ビール関連ホームページ）

掲載記事は、ビールの蘊蓄《うんちく》話、海外の有名醸造所の情報や探訪記など盛りだくさん。ビールに合う料理は有名シェフとのコラボレーションでレシピを作っていく。また、〝秘蔵の海外レア物ビールのプレゼント〟といった驚き企画も用意されている。

世界に認められた日本の地ビール、クラフトビール

一時、地ビールブームなる言葉を耳にした。そしてそのブームは去ったと言われている。熱狂は高ければ高いほど、下がった時に揶揄《やゆ》される運命にある。高熱が平温に戻っただけで「下火」と言われるのだ。確かに、地ビールメーカーは最盛期に比べ、やや数が減った。いくつかのメーカーは休業または廃業した。地ビール産業は斜陽なのか？

それは違う。今、日本の地ビールメーカーは着実に実力をつけている。

２年に一度開かれる世界最大のビア・コンペティション「ワールド・ビア・カップ」では１９９８年から毎回、日本の地ビールが数々の部門で受賞している。２００４年大会でも常陸野ネストビール、那須高原ビール、スワンレイクビール、ロコビアといったビールが40カ国393社１５６６銘柄のなかから選ばれた。また、常陸野ネストビールのホワイトエールは２００２年にロンドンでおこなわれた「ブルーイング・インダストリー・インターナショナル・アワーズ」で金賞を受賞。さらに部門優勝のなかから選ばれる大会総合チャンピオンビールにも選ばれた。まさに世界の頂点だ。日本の地ビールは、世界のトップレベルなのである。

日本の地ビールをもっと知りたいんですが。どうすればいいですか？

地ビールは、宣伝や広告をしていないところが多い。また一般的な酒販店ではなかなか取り扱っていないから苦労するよね。だから、直接HPなどで調べるしかないね。ネット通販もあるしね。

日本地ビール協会 http://www.beertaster.org/

全国地ビール醸造者協議会 http://www.beer.gr.jp/

香地庵 http://www.geocities.co.jp/Foodpia/2308/buy/koujian.htm

世界一になった日本の地ビール

世界トップレベルの常陸野ネストビールのホワイトエール

日本の地ビールを全部飲んだ男。瓶の博物館

地ビールってどれぐらいの種類があるの？　近所の酒屋さんで気軽に買うなんてわけにはいかないし。広告や宣伝をしていない小さなメーカーや地元でしか飲めないものもあるはずだ。把握したり探しだすだけでも大変なんじゃない？　それを全部飲むことなんてできるのかなぁ？　そんな偉業を成し遂げた人っているんだろうか？

はい。いるんです。「日本国中の地ビールを全部飲んだ！」というすごい男、それが山本祐輔さんなのです。さらに彼の素晴らしいところはその記録、そして空き瓶をすべて収集しているということだ。その数が膨大であることはもちろん、生産を見合わせているブランドなどもあり、歴史的資料価値も相当なものだ。まさに日本の地ビール史、地ビール博物学の頂点と言えよう（http://www.asahi-net.or.jp/~iv9y-ymmt/）。

そんな山本氏のコレクションは２００３年11月から福井県美浜町の若狭シーサイドブルワリー（http://www.heshiko.com/beer.html）に併設された「日本地ビール資料館・ｉｎ若狭」で常設展示されている。展示ボトルは約３０００点。地ビール通ならば一度は訪れたい聖地である。

できるだけ多くの地ビールを飲みたいと思いますが、どーすればいいでしょうか？

インターネットの取り寄せから始めてみてはどーだろうか？　地ビールを置いている酒販店やビア・パブを訪れてみるのもいいかもしれない。でも、最終的には〝自分の足を使う〟しかないね。最寄り駅からバスが1日2本なんて醸造所もあるから。でもそんな旅がまた地ビール巡りの魅力だよ。

日本地ビール資料館in若狭

約3000点のボトルがずらり

若狭シーサイドブルワリーに併設

日本の地ビールを全部飲んだ山本氏

日本地ビール資料館in若狭

ビール好きなら、いつもビールに囲まれていたい

ビール好きを自称するならば、ビール関連グッズも集めてみようよ。いつもビールにまつわるものに囲まれていたいじゃないか。

まずはボトル。これは飲んだ空き瓶だから自然と集まってしまうよね。ま、キリがないからデザインが気に入ったものだけ選んで集めよう。その際、出来れば王冠も残しておきたい。ないとなんだかバランスが悪いよ。また、キッチリ中を洗っておかないとカビが生えたりする。要注意だ。さらにグラス。これも嵩張《かさば》るから厳選したほうがイイかな。

他にもコースター、栓抜き、ステッカー、ピンバッジ、ポスターもコレクター・アイテムだ。デカイものではパブミラー（ビールのロゴが入った鏡）やネオンサイン、パブの看板なんてのもある。また、Tシャツやポロシャツ、ネクタイ、エプロンといった身につけるものも人気だ。

これらのグッズは、見つけたら迷わず買っちゃうことをお勧めする。ほとんど一期一会である。実はビール関連グッズってあるようでなかなかないんだよね。バーのノベルティやキャンペーングッズなどは特に機を逸すると入手不可能になるからね。

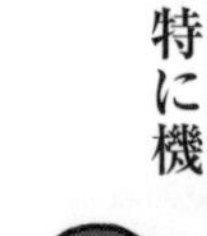

ボトルコレクションの置き場所に困っているんですが……

僕は通販で買った本棚をボトル展示棚にしてる。衣装ケースに入れて積み重ねてる人もいるよ。でも限界があるので、ラベルを剝がしてボトルは捨てるって人が多いんじゃないかな？　ヨーロッパのビールはぬるま湯につけておけば簡単に剝がれるものが多い。アメリカのボトルはゆっくり剝がすかワイン・エチケット用の粘着シートで剝がすとイイよ。

（これだけある関連グッズ）

ビールについて本格的に学びたい

ビールについて本格的な勉強をする方法はいくつかある。一つは醸造学科のある大学に入学することだ。でも、ぶっちゃけ、今から大学受験するのもねぇ……。他にはビール会社に就職するという方法。でもこれって、逆に知識がないと採用してもらえないか……。どうしよう……。

今、一般の人がビールの知識を得る最も手軽な方法はビアテイスターの講習を受けることだろう。これは日本地ビール協会がおこなっているもので、講習とともに認定試験がおこなわれる。

講習はビールスタイルの紹介とテイスティングを中心に1日でおこなわれる。講習終了後、筆記試験とテイスティング試験がおこなわれ、合格者はビアテイスターに認定される。講習内容は懇切丁寧で試験の合格率は80~90%である。

さらに、ビア・コンペの審査員ができるビアジャッジ、醸造学を学びビール造りのアドバイスができるマスター・ブルーイング・イバリュエイター、ビールと料理の組み合わせを勉強するビア・コーディネイターといった上級コースもある。

ビアテイスターの講習並びに試験は誰でも受けられるんですか？

講習は受講料を払えば誰でも受けられるよ。ただ、ビアテイスターの認定には日本地ビール協会に入会する必要があるので、受講とともに入会したほうがイイだろうね。ビールスタイルの講義は試飲しながらだから、そんなに堅苦しいものではない。日本地ビール協会ホームページhttp://www.beertaster.org/を見ると詳しく出ているよ。

(セミナーを受けてみよう)

日本地ビール協会主催の

「ビアテイスターセミナー
ビアジャッジセミナー
醸造学基礎セミナー」

などがある。

ビールのスタイル、味や香りや色など学ぶことができる。

講義ありテイスティングありの充実したセミナーだ。

素敵なパブを見つける

ビールを美味しく飲むためには素敵なビア・パブを見つけておきたい。まずはダメな店を消去しよう。ビールケースを店先に平気で山積みにしている店はNGだ。これは酒販店探しのコラムでも書いたが、ビールは高温と直射日光にとても弱い。そんなことも知らない（もしくは気にしない）オーナーが素晴らしいビールを提供してくれるはずがない。

つづいて、これはいけそうだ！　という店の見分け方だ。ビールの品揃えが豊富な店を探そう。とは言っても、ただただ銘柄を集めてるだけって店は敬遠したい。「世界のビール＊＊銘柄！」なんて看板につられて入ったら、メニューには同じようなライトラガーばかりが並んでいてガッカリしたということがある。問題は銘柄数よりもスタイル数だ。

ベルギーやイギリス、アメリカのマイクロブルーの看板やプレートが掲げられている店はイケそうな予感が漂うね。もし、ちょっと気になる店を見つけたら、窓やドアの隙間《すきま》からそっと覗《のぞ》いてみよう。ベルギービールのグラスが並んでいたり、リアルエールのハンドポンプが見えたらビンゴ！　即入店してみよう。

他にも、いいパブを見つけるチェックポイントはありますか？

ブリティッシュ・パブやアイリッシュ・パブで美味しいビールが飲める確率が高いよ。ドイツ料理の専門店もいいね。最近はベルギービールの専門店も増えているので、見つけたら気負わずにどんどん入ってみよう。いい店を探すためには、数多くの扉をくぐるしかないからね。最後は「自分自身が快適でビールをゆっくり楽しんで飲めるかどうか」ってことが大切だと思うよ。

旨いビールが飲みたけりゃ こんな店には近寄らないこと

- 直射日光の当たる場所にビールを置いている店
- ビールグラスを凍らせている店
- グラスが汚れている店
- グラスを出さない店
- ベルギービールを指定のグラス以外で出す店
- サーバーの洗浄をしていない店
- ピルスナーが泡ばっかりの店
- ピルスナーにほとんど泡がない店
- 寒すぎる店
- 暑すぎる店
- ビールの色がわからないほど暗い店
- ビールの香りがわからないほどタバコ臭い店
- ビールに蘊蓄《うんちく》がない店
- ビールの蘊蓄がうるさすぎる店
- 一部のマニアのたまり場となっている排他的な店
- カラオケがうるさい店
- ダンスを強要する店
- ぼったくりの店
- 下着同然の女性が接客してくれる店
- 女性の写真を並べて呼び込みをしている店
- ドアに弾痕が残っている店
- 密造ビールを出す店
- ビールに愛情がない店

ビア・パブで〝ビールの達人〟に見られたい!

ここまで読み進んできたあなたは、もうすでに「ビールの達人、ビールの通」と呼ばれるにふさわしい知識を身につけたはずだ。えっ、いきなりこのページから読んでるって? まーそれはそれでいいかもしれない。手っ取り早く〝達人〟に見られたいって気持ち、素直でいいぞ。

達人に見られる第一歩は、オーダーの仕方である。はじめの一杯はアルコール度数の低いもの、口当たりのイイ爽やか系を選ぼう。ライトラガー、ケルシュなどがお薦めである。セゾン、ホワイトエール、ヴァイツェン、ランビックなど小麦系ビールもいいだろう。そして徐々にアルコール度数が高くボディのしっかりしたものにシフトしていく。ペールエール、ポーター、デュッベル、ダーク・ストロングエール、オールドエールといった流れを作ろう。

そして、一番大事なことは、出されたビールグラスをいきなり鷲掴《わしづか》みにして一気飲みするようなヤボはしないことだ。まず、グラスをかざして色を愛《め》で、鼻を近づけ香りをかぐ。そしておもむろに飲み始めるのだ。この一連の動作がよどみなくできれば、もー免許皆伝だ。

ビア・パブでさらに達人っぽく見られる方法はありますか?

パブに入ったら、迷わずカウンターに席を取る。そして、並んだロゴ入りグラスを見ながら「ギネス、ボストンラガー、ケストリッツァーがあるんですね。シメイ、オルバル、あっ、パウエル・クワックは専用グラスで飲めるんだぁ」なんて呟《つぶや》こう。バーテンダーが「では、クワックになさいますか?」と訊いてきたら「それはアルコール度数が高いので、もう少し後でいただきます。セゾンスタイルで何かお薦めの銘柄はありますか?」と答えよう。完璧だ。でもちょっとイヤミな客っぽいけどね。

……（オーダーの仕方で達人に見える）……

アルコールの度数の低いものから高いものへ。

ケルシュ　ペールエール　ボック　バーレイワイン

口当たりのイイもの（ライトボディ）からフルボディへ。

セゾン　ホワイトエール　ポーター　オールドエール

出されたビールを
いきなり飲んではいけない
まずは色や香りを
楽しんでから飲む

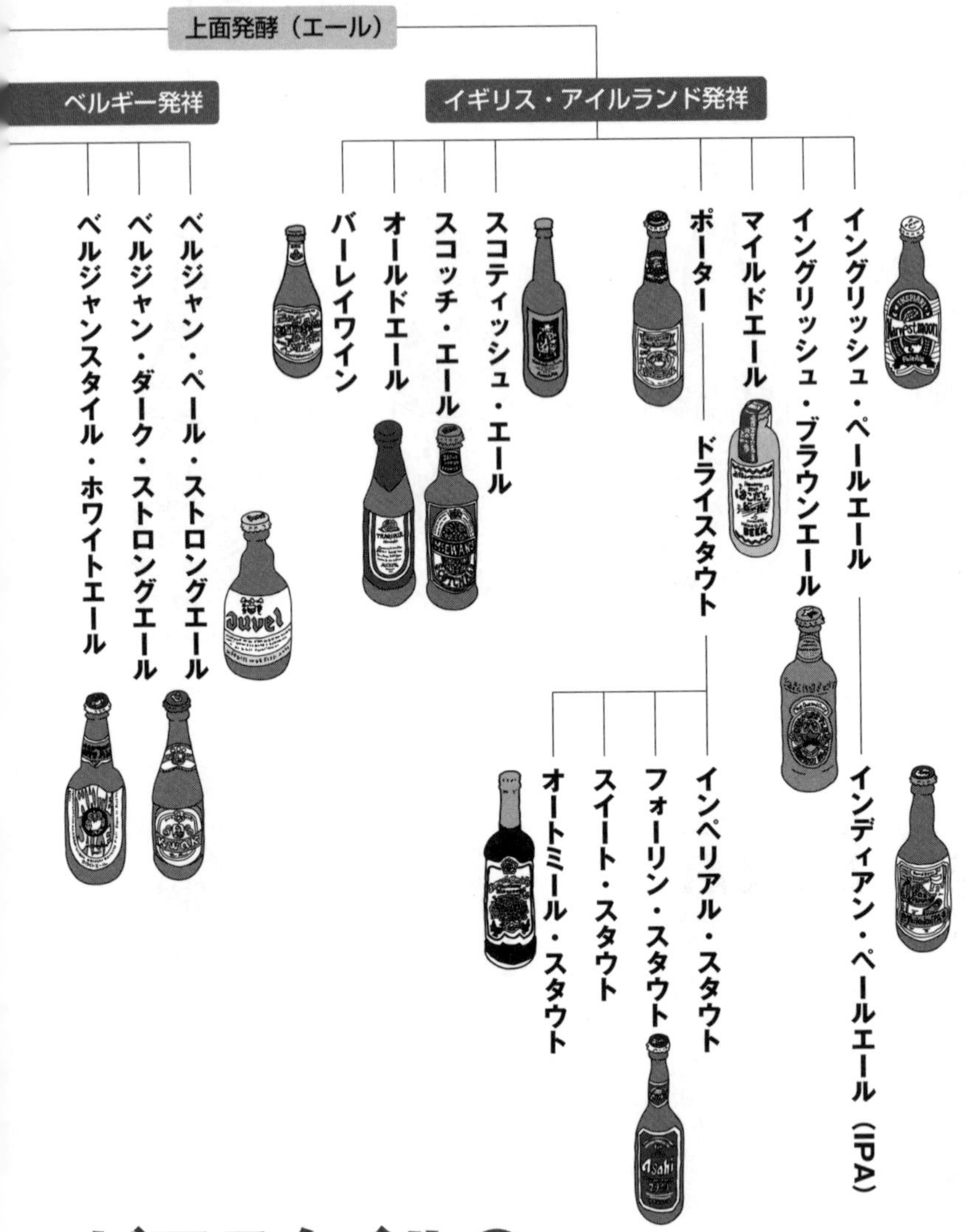

ビアスタイルのまとめ

85ものスタイル（種類）があるビールだが、
いきなり全部を知ろうとしたり覚えようとしたりする必要はない。
まずは、これぐらい知っていればかなりのビール通だよ。
発酵の種類、発祥国を系統立てて認識しておくと
わかりやすいぞ。

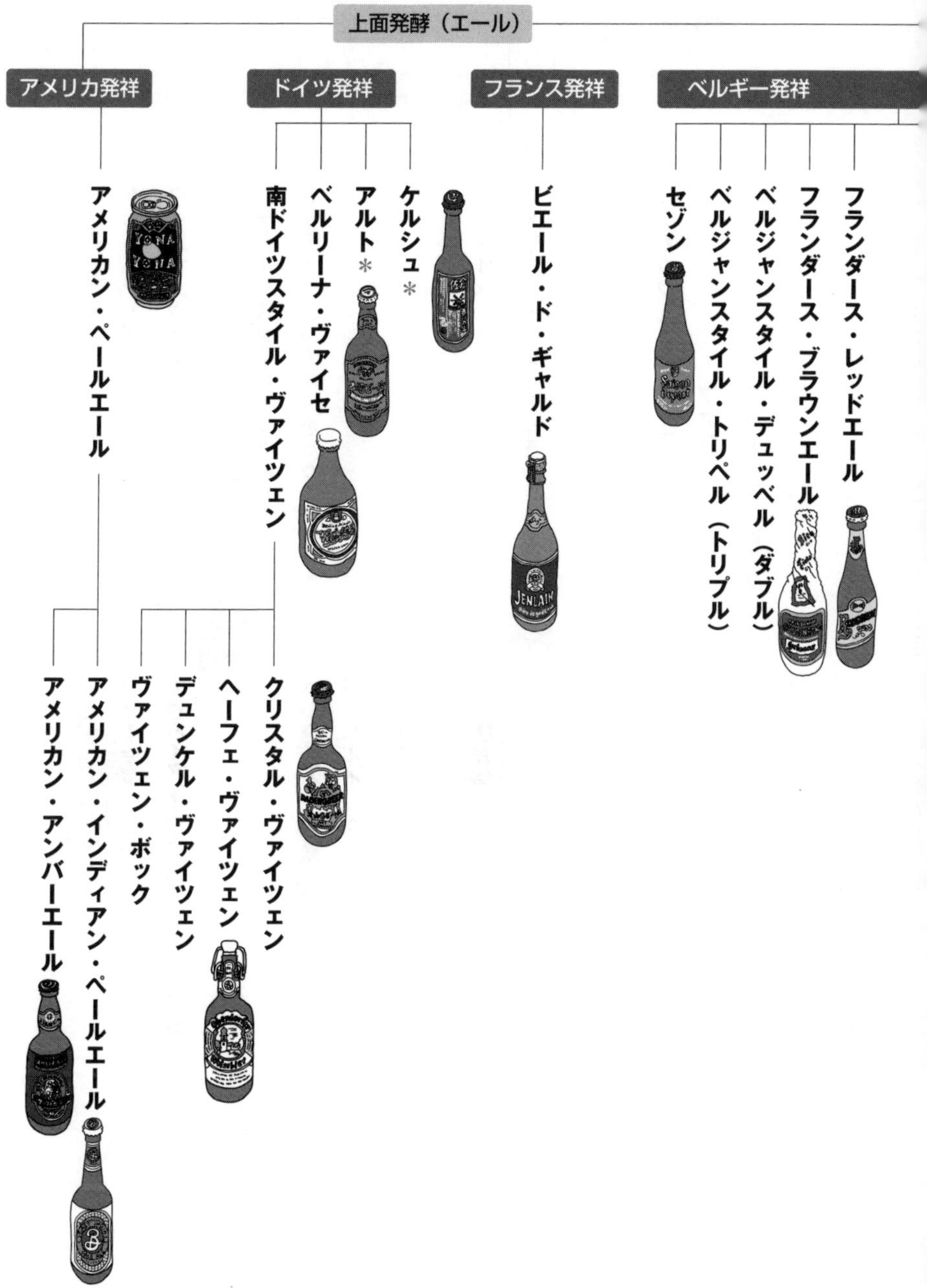

＊注）ケルシュとアルトはハイブリッドに分類されることもある。

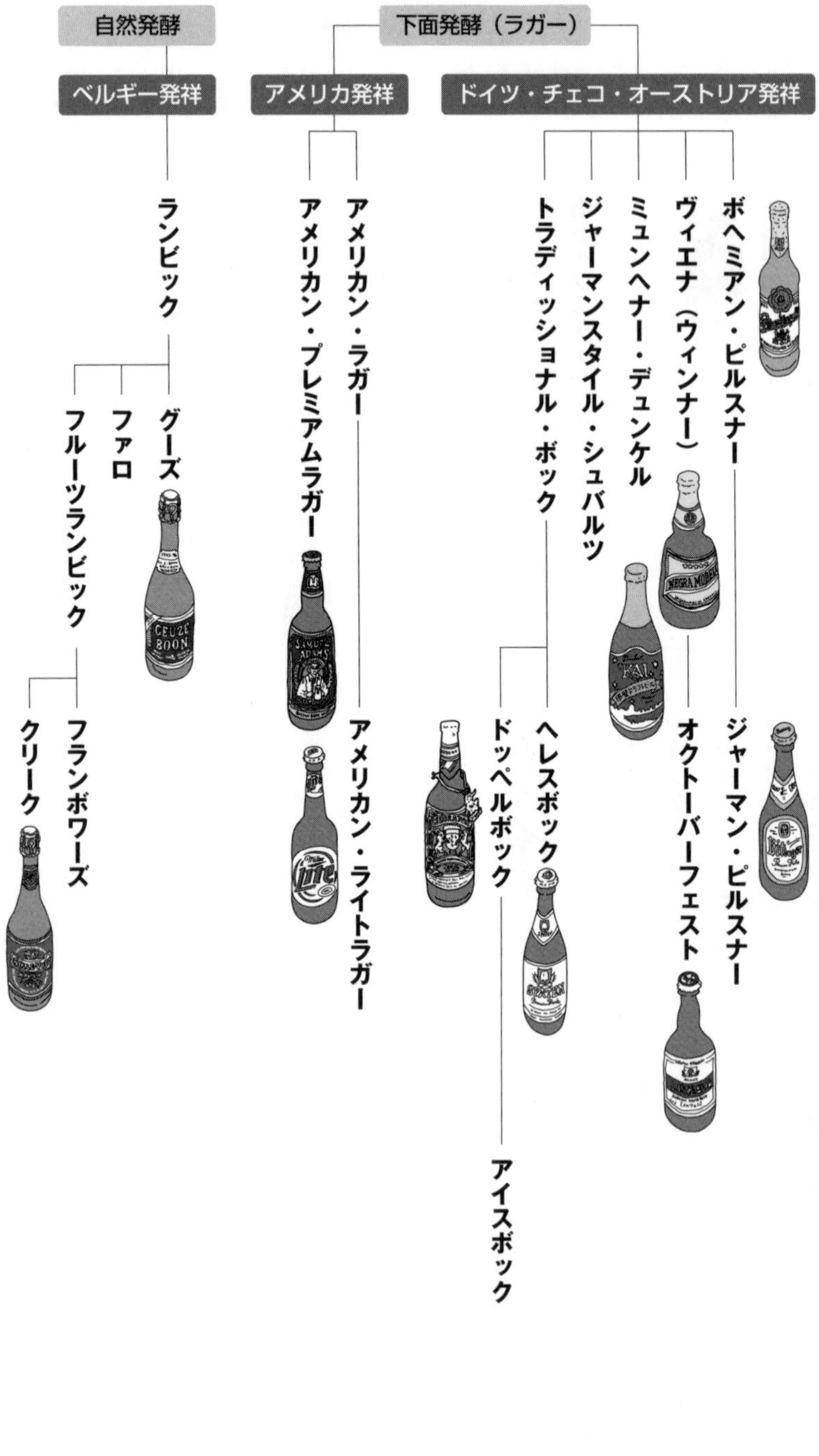
自然発酵
ベルギー発祥
ランビック
グーズ
ファロ
フルーツランビック
フランボワーズ
クリーク
GEUZE BOON
下面発酵（ラガー）
アメリカ発祥
アメリカン・ラガー
アメリカン・プレミアムラガー
アメリカン・ライトラガー
SAMUEL ADAMS
ドイツ・チェコ・オーストリア発祥
ボヘミアン・ピルスナー
ジャーマン・ピルスナー
ヴィエナ（ヴィンナー）
オクトーバーフェスト
ミュンヘナー・デュンケル
ジャーマンスタイル・シュバルツ
トラディッショナル・ボック
ヘレスボック
ドッペルボック
アイスボック
NEGRA MODELO

その他（ハイブリッド）

- カリフォルニア・コモン（スティーム）
- フルーツビール
- ベジタブルビール
- ハーブ・スパイスビール
- ノン・アルコールビール
- 酒イーストビール
- スモークビール

あとがき

ビールは懐の深いお酒である

近年まで、日本のビール観はピルスナースタイル一辺倒だった。

地ビール人気やベルギービールなど外国産ビールの台頭でいくぶん変わってきたものの、いまだ「ビール＝ピルスナー」という観念は根強いようだ。私が、酸味の強いランビックや炭酸が弱いバーレイワインを薦めると、一口飲んで「こんなのビールじゃない」と言う人がまだまだ多い。確かに日頃飲み慣れているピルスナーとはかなり違うだろう。しかし、それはピルスナーではないだけで、紛れもなくビールである。

誤解されては困るのだが、私はピルスナーが嫌いなわけではない。むしろ大好きである。しかし、すべてではない。春には桜を眺めながらチエリーピンクのクリークを飲み、暑い夏の昼下がりには木陰で爽快なライトラガーをゴクゴクといきたい。秋の夕暮れには紅葉を愛でながらモルトの味わい深いボックのグラスを傾け、寒い冬の夜には掘り炬燵《ごたつ》でフルボディのスコッチエールをチビチビと楽しみたい。さまざまなビールをその場その時に合わせて味わいたいのだ。

　だから、皆さんも「こんなのビールじゃない」なんて言わずにどんどん飲んでみて欲しい。それでも「ピルスナーしか飲みたくない」と思うならそれはそれでいいと思う。いろいろ知った上で「これが一番！」と感じることと、一つしか知らずに「これしかイヤ！」と思いこむことはまったく違うはずだ。

　そして、いろいろなビールからメッセージを感じ取ろう。工程でさまざまな工夫が施せるビールは造り手のビール観がズッシリと盛り込まれている。ブルワーが何を伝えたかったのか？　ボトルを開栓することはブルワーからの手紙を開封するようなものだ。なんて書いてある？「香り高いホップと芳醇なモルトのバランスをお楽しみ下さい」だって。

　さらに、どんな料理と合わせれば美味しいか？　どんな人とどんなところで飲めば楽しいか？　を考えてみよう。ビールにはワインにも負けない、いやそれ以上に幅の広い味や香りや色が揃っているのだから。いろいろな組み合わせを思いつくはずだ。また、ビールをソースやドレッシングに使ったもの、貝をビールで蒸したものなど、ビールを使った料理だってある。辛いだけ、脂っこいだけの肴はもーウンザリ。ビールは水がわりではない。火照《ほて》った口や脂っこい口を洗い流すものではないのだ。旨いビールを飲みながらちゃんと旨いもの食べよーよ。

そして最後に、ビールの懐の深さを忘れないで欲しい。ビールは、寛容でポワーンと酔わせてくれる優しいお酒なのである。「こうあらねばならない」と言った押しつけがましさがない自由なお酒だ。みんなでワイワイと飲み交わすお酒である。目一杯楽しく飲もう。

どー？　ビールのことが、ますます好きになったでしょ？

2004年6月　藤原ヒロユキ

取材協力

●ポパイ	墨田区両国2-18-7	☎03-3633-2120
●リストランテKIORA	港区麻布十番3-2-7	☎03-5730-0240
●テイルズ・エールハウス	文京区本郷1-33-9	☎03-5684-8008
●ジ・アパートメント	世田谷区代沢2-44-15	☎03-3413-1195
●ブラッスリー・オザミ	千代田区丸の内3-3-1	☎03-6212-1566
●バードランド	中央区銀座4-2-15	☎03-5250-1081
●イニッシュモア	渋谷区恵比寿3-14-7	☎03-5791-3824
●IZAYOI	港区南麻布1-4-5	☎03-5442-0965
●ジャーマンファームグリル	渋谷区神泉町8-1	☎03-5457-2871
●ベルク	新宿区新宿3-38-1新宿マイシティ	☎03-3226-1288
●ラ・カシェット	新宿区神楽坂1-10	☎03-3513-0823
●Osaka-ya	新宿区新宿3-38-1新宿マイシティ	☎03-3354-2202
●木内酒造	茨城県那珂郡那珂町鴻巣1257	☎029-298-0105
●サントリー武蔵野ビール工場	東京都府中市矢崎町3-1	☎042-360-9591
●若狭ビール	福井県三方郡美浜町坂尻43	☎0770-38-1011
●日本地ビール協会	兵庫県芦屋市松ノ内町2-1	☎0797-31-6911
●蔵くら	世田谷区北沢2-20-19	☎03-5433-2323

参考文献

『世界ビール大百科』フレッド・エクハード、クリスティン.P.ローズ　田村功訳（大修館書店）
『ビアコンパニオン』マイケル・ジャクソン　小田良司訳（日本地ビール協会）
『世界のビールセレクション』（大泉書店）
『世界の一流ビール500』マイケル・ジャクソン　ブルース・原田訳（ネコ・パブリッシング）
『スロービールで行こう』（廣済堂出版）
『beer mania！飲んでおきたい世界のビール77本』藤原ヒロユキ（日之出出版）
『the best of MARTHA STEWART LIVING what to have for dinner』（Clarkson Potter/Publishers）
『鬼平が「うまい」と言った江戸の味』逢坂剛、北原亞以子、福田浩（PHP研究所）
『ビアスタイル・ガイドライン』（日本地ビール協会）
『ビアテイスター認定講習会テキスト』（日本地ビール協会）
『ビアジャッジ認定講習会テキスト』（日本地ビール協会）
『醸造学基礎セミナーテキスト』（日本地ビール協会）
『CASK BEER What is it?』（日本地ビール協会）
『ビア・コーディネイター講習会テキスト』（日本地ビール協会）

ナ

那須高原・スコティッシュエール　＜スコティッシュ・エール＞ 51
ニューキャッスル・ブラウンエール　＜ブラウンエール＞ 49
ネグラ・モデロ　＜ヴィエナ＞ 25、128

ハ

ハーベストムーン・ペールエール　＜イングリッシュ・ペールエール＞ 47
パウエル・クワック　＜ベルジャンスタイル・ダーク・ストロングエール＞ 39
パオラネル・サルバトール　＜ボック＞ 150
はこだてビール・北の一歩　＜マイルドエール＞ 49
バドワイザー　＜アメリカン・ライトラガー＞ 64
飛騨高山麦酒・スタウト　＜スイート・スタウト＞ 57
常陸野ネストビール・ジャパニーズクラシック　＜IPA＞ 129
常陸野ネストビール・ニューイヤーエール　＜ベルジャンスタイル・ダーク・ストロングエール＞ 129
常陸野ネストビール・ホワイトエール　＜ベルジャンスタイル・ホワイトエール＞ 33、129、186
常陸野ネストビール・レッドライスエール　＜酒イーストビール＞ 69、129
ビットブルガー・プレミアムピルス　＜ジャーマン・ピルスナー＞ 23
ヒューガルデンホワイト　＜ベルジャンスタイル・ホワイトエール＞ 32、152
ピルスナー・ウルケル　＜ボヘミアン・ピルスナー＞ 18、23
富士桜高原麦酒・ラオホ　＜スモークビール＞ 69
藤原ヒロユキビール・シアトル・エスプレッソ・ポーター　＜コーヒービール＞ 129、172
藤原ヒロユキビール・キャスケードエール　＜アメリカン・ペールエール＞ 129、158
藤原ヒロユキビール・柚子マーマエール　＜フルーツビール＞ 67
ブルックリン・IPA　＜アメリカン・IPA＞ 65
ベアードビール・帝国IPA　＜インディアン・ペールエール＞ 47
ベルビュー・クリーク　＜ランビック（クリーク）＞ 35
ボストン・ラガー　＜アメリカン・プレミアムラガー＞ 31
ホッピー　＜ノン・アルコールビール＞ 180

マ

マーフィーズ・スタウト　＜スタウト＞ 160
マッキュワンズ・スコッチエール　＜スコッチ・エール＞ 51
マレッツ　＜アビィ＞ 45
南信州ビール・ツインアルプス　＜ノン・アルコールビール＞ 180
箕面の地ビール A·J·I BEER ヴァイツェン　＜ヴァイツェン＞ 166
ミラー・ライト　＜アメリカン・ライトラガー＞ 31、64
モート・サビット・クリーク　＜ランビック（フルーツランビック）＞ 164

ヤ

ヤッホーブルーイング・よなよなエール　＜アメリカン・ペールエール＞ 65
ヤング・オールドニック　＜バーレイワイン＞ 170

ラ

リーフマンス・ガウデンバンド　＜フランダース・ブラウンエール＞ 37
ローデンバッハ　＜フランダース・レッドエール＞ 37
ロコビア・佐倉・香りの生　＜ケルシュ＞ 61
ロシュホール　＜トラピスト＞ 44

ア

会津ビール・ボック　＜トラディッショナル・ボック＞……29
アインガー・セレブラトア　＜ドッペルボック＞……29
アサヒ・スタウト　＜フォーリン・スタウト＞……18、59
アヘル　＜トラピスト＞……44
アボットエール　＜イングリッシュ・ペールエール＞……156
アンカー・オールドフォグホーン　＜バーレイワイン＞……53
いきいき地ビール・黒部氷筍ビール　＜シュバルツ＞……27
ウェストフレテレン　＜トラピスト＞……44
ウエストマール・トリプル　＜ベルジャンスタイル・トリペル（トリプル）＞……41
蝦夷麦酒・インペリアル・スタウト　＜インペリアル・スタウト＞……59
エンゲル・ボック　＜ボック＞……150
大沼ビール・アルト　＜アルト＞……61
オーベルドルファー・ヴァイス　＜ヘーフェ・ヴァイツェン＞……63
オルバル　＜トラピスト＞……45

カ

甲斐ドラフトビール・デュンケル　＜デュンケル＞……27
カンティヨン・グーズ　＜ランビック（グーズ）＞……162
ギネス・スタウト　＜スタウト＞……36、55、70、128
キリン・スタウト　＜フォーリン・スタウト＞……18、59
キリン・まろやか酵母　＜ヘーフェ・ヴァイツェン＞……18
キンドル・ヴァイス　＜ベルリーナ・ヴァイセ＞……37
クアーズ　＜アメリカン・ライトラガー＞……64
グーズ・ブーン　＜ランビック（グーズ）＞……35
グリムベルゲン・ダブル　＜ベルジャンスタイル・デュッベル（ダブル）＞……41
ケストリッツァー　＜シュバルツ＞……70、148
こぶし花ビール・メルツェン　＜オクトーバーフェスト＞……25

サ

薩摩酒造さつま芋ビール・サツマパープル　＜ベジタブルビール＞……67
サミュエル・アダムス・ユートピア　＜アイスボック＞……118
サミュエル・スミス・オートミールスタウト　＜オートミール・スタウト＞……57
サミュエル・スミス・ナット・ブラウンエール　＜ブラウンエール＞……168
サンクトガーレン・アンバー　＜アメリカン・アンバーエール＞……65
サントリー・ザ・プレミアムモルツ　＜ピルスナー＞……146
シメイ　＜トラピスト＞……45
スパーテン・プレミアムボック　＜ヘレスボック＞……29
スワンレイクビール・ポーター　＜ポーター＞……55
セゾン・デュポン　＜セゾン＞……43

タ

大山Gビール・クリスタル・ヴァイツェン　＜クリスタル・ヴァイツェン＞……63
タカラ・バービカン　＜ノン・アルコールビール＞……180
ディック・ジェンレイン　＜ビエール・ド・ギャルド＞……43
デュベル　＜ベルジャン・ペール・ストロングエール＞……39、128
デリリュウム・トレーメンス　＜ベルジャン・ペール・ストロングエール＞……154
トラクェア・ハウスエール　＜オールドエール＞……53

藤原ヒロユキ（ふじわら　ひろゆき）

1958年、大阪生まれ。イラストレーター。ビール好きが高じて、ビール鑑定家の称号である「ビアテイスター（マスター・ブルーイング・イバリュエイター）」、「ビア・クオリティ検定士」、コンテストの審査員を務めることができる「シニア・ビアジャッジ」、料理とビールの相性をアドバイスできる「ビア・コーディネイター」、「ビアアドバイザー」など、ビールの専門家としての資格を次々に取得。ビール缶や瓶、グラスなど「ビール関連グッズ」の収集家でもある。また、メジャーリーグやソフトボールなどのアメリカンスポーツやスキー、スノーボードにも造詣が深い。HP「BEST BEER!」http://www.best-beer.jp/の監修も手がける。著書に『beer mania! 飲んでおきたい世界のビール77本』（日之出出版）。イラスト作品はhttp://www.artatcomoriginals.com/にて公開。

装幀　亀海昌次
装画　藤原ヒロユキ
本文イラスト　藤原ヒロユキ
本文デザイン　SPACE M（村山利夫）
編集協力　深谷恵美　天才工場
編集　福島光司　鈴木恵美（幻冬舎）

知識ゼロからのビール入門

2004年7月10日　第1刷発行

著　者　藤原ヒロユキ
発行者　見城　徹

発行所　株式会社 幻冬舎
〒151-0051　東京都渋谷区千駄ヶ谷4-9-7
電話　03-5411-6211（編集）　03-5411-6222（営業）
振替　00120-8-767643
印刷・製本所　株式会社 光邦

検印廃止

ISBN4-344-90059-6 C2077
Printed in Japan
幻冬舎ホームページアドレス　http://www.gentosha.co.jp/
この本に関するご意見・ご感想をメールでお寄せいただく場合は、comment@gentosha.co.jpまで。